学/者/文/库/系/列

物联网边缘计算和通信中的资源分配研究

陈 雪 著

哈爾濱工程大學出版社
Harbin Engineering University Press

内容简介

移动边缘计算作为5G关键技术之一,将云服务扩展到网络边缘上,能够降低任务处理时延。此外,合理的卸载决策和资源分配方案能够有效提升系统性能。本书针对移动边缘计算中不能分割的原子任务卸载的问题,提出了一种基于无监督深度学习的多用户移动边缘计算方案;针对移动边缘计算卸载无线传输环境恶劣的问题,提出了一种智能反射面辅助的安全计算卸载方案;针对物联网传感器设备数量大、计算和存储资源不足、电池容量有限的问题,提出了一种智能反射面辅助的无线充电协作计算卸载方案,使用户通过无线充电进行本地计算或卸载,并且使远端用户可以通过近端用户的协作,拓展自身处理任务能力;针对智能反射面重构无线传播环境的问题,提出了一种智能反射面辅助的多输入单输出系统下的盲区用户通信方案,解决了盲区用户通信问题。

本书可供凸优化理论、移动边缘计算、5G通信等相关研究方向的研究生及科研工作者阅读,也可供无线通信领域的从业者参考。

图书在版编目(CIP)数据

物联网边缘计算和通信中的资源分配研究 / 陈雪著.
哈尔滨 : 哈尔滨工程大学出版社, 2024. 9. -- ISBN
978-7-5661-4540-6

Ⅰ. TP393. 4; TP18

中国国家版本馆 CIP 数据核字第 20247UD636 号

物联网边缘计算和通信中的资源分配研究
WULIANWANG BIANYUAN JISUAN HE TONGXIN ZHONG DE ZIYUAN FENPEI YANJIU

选题策划 邹德萍
责任编辑 关 鑫
封面设计 李海波

出版发行 哈尔滨工程大学出版社
社　　址 哈尔滨市南岗区南通大街145号
邮政编码 150001
发行电话 0451-82519328
传　　真 0451-82519699
印　　刷 哈尔滨午阳印刷有限公司
开　　本 787 mm×1 092 mm　1/16
印　　张 7. 75
字　　数 163千字
版　　次 2024年9月第1版
印　　次 2024年9月第1次印刷
书　　号 ISBN 978-7-5661-4540-6
定　　价 39. 80元

http://www. hrbeupress. com
E-mail:heupress@ hrbeu. edu. cn

前　言

物联网技术(internet of things,IoT)的蓬勃发展,促使接入网络的移动设备(mobile device,MD)数量呈爆炸式增长,海量数据流量不断逼近无线网络的容量极限。同时,伴随着第五代移动通信技术(fifth generation of mobile communications technology,5G)的发展,新应用层出不穷,如自动驾驶、增强/虚拟现实等。这些新应用不仅对带宽有较高的要求,通常对数据存储、计算及时延也有较高的要求。然而,移动设备有限的存储和计算资源以及电池容量难以满足新应用高可靠、低时延的要求。因此,移动边缘计算(mobile edge computing,MEC)提出将云服务拓展到网络边缘,降低任务卸载延迟,为移动设备提供计算和本地化处理能力。

在 MEC 网络中,多个移动设备共享有限的边缘计算资源。每个用户需要决策是否进行计算卸载,并合理分配网络中计算和通信资源,充分发挥 MEC 的优势。此外,移动设备可通过无线链路将计算任务卸载到边缘服务器上。由于无线传播环境的不确定性,如果不能有效地将计算任务卸载到边缘服务器上,将无法享受 MEC 分流的优势。从通信角度出发,可将智能反射面(intelligent reflecting surface,IRS)技术与 MEC 网络结合,通过改善无线卸载链路质量进一步发挥 MEC 网络优势。同时,考虑卸载数据安全性、低功耗设备无线充电、移动设备协作卸载等,可进一步改善 MEC 网络性能。本书内容主要包括以下几个方面:

(1)物联网中深度学习边缘计算和通信资源分配

在 MEC 网络中,规模较小的计算密集型任务通常高度集成,对其只能全部在本地执行或在边缘服务器上执行。本书针对此类原子问题,研究了二元计算卸载的系统模型,将针对原子任务的卸载决策和资源分配联合优化问题建模为用户加权能耗和最小化的非凸混合整数规划问题;提出了一种基于无监督深度学习(deep learning,DL)的多用户 MEC 模型,将有约束的混合整数规划问题转化为无约束的深度学习问题;设计了一种联合训练网络,通过交替训练教师网络和学生网络,使学生网络获得无损失的梯度信息,有效解决了反向传播过程中的梯度消失问题。仿真结果表明,训练好的神经网络能够以较低复杂度实现信道增益到卸载决策和资源分配方案的映射,而且二元卸载方案能有效降低用户能耗、提高系统性能。

(2) IRS 辅助的安全边缘计算和通信资源分配

在 MEC 网络中,移动设备通过将任务卸载到边缘服务器上执行,降低任务执行延迟和能耗。然而,受恶劣传播环境的影响,卸载信号在传输过程中产生衰落和衰减,严重抑制 MEC 网络性能。此外,由于信号的广播特性,MEC 网络中的卸载数据可能会被窃听者窃听,造成信息泄露,严重威胁卸载数据的安全。本书针对以上问题,从通信角度出发,提出了一种 IRS 辅助的安全计算卸载方案。在满足边缘计算资源和 IRS 相移约束条件下,将卸载比率、边缘服务器计算资源、多用户检测矩阵和 IRS 相移参数联合优化问题建模为多用户加权时延和最小化问题。然后,将原问题解耦为计算设计子问题和通信设计子问题,采用拉格朗日对偶法优化卸载决策和边缘服务器计算资源分配,采用权重最小均方误差法和黎曼共轭梯度法分别求解有源波束赋形和无源波束赋形。仿真结果表明,与无 IRS 方案和 IRS 随机相位方案相比,本书所提方案通过改善无线卸载链路质量进一步改善了 MEC 网络性能,提升了卸载数据保密率,降低了用户的加权时延和。

(3) IRS 辅助的无线充电协作边缘计算和通信资源分配

自动驾驶、环境检测、智能放牧等应用的发展,需要在物联网中部署大量传感器设备以收集数据。传感器设备通常电池容量有限,频繁地更换电池或者充电耗费大量人力和物力。同时,传感器收集的大量数据通常需要在线处理。受硬件条件的限制,传感器的计算、存储和通信能力有限,难以依靠自己的资源完成任务。此外,如今智能设备被密集地部署在无线网络中,由于无线流量的突发性,很多设备处于闲置状态。为了充分利用周围闲置计算资源并为低功耗设备持续供电,首先,本书提出了一种 IRS 辅助的无线充电协作计算卸载方案,使用户通过无线充电进行本地计算或卸载,且使远端用户可以通过近端用户的协作,拓展自身处理任务能力。其次,本书基于该方案,将时间、功率、本地中央处理器(central processing unit, CPU)频率和充电、远端用户卸载、近端用户卸载时 IRS 的无源波束联合优化问题建模为非凸的处理任务总比特数最大化问题。为了求解该问题,将原始优化问题转化为 4 个子问题,采用交替优化算法迭代优化。仿真结果验证了方案的有效性。

(4) 双 IRS 辅助的多输入单输出(multiple-input single-output, MISO)天线通信系统资源分配

智能反射面作为第六代移动通信技术(sixth generation of mobile communications technology, 6G)的关键技术之一,可以经济有效地重新配置无线传输环境。大多数现有的 IRS 工作集中于无源波束赋形的优化和性能增强,没有考虑多个 IRS 间链路协作,没有充分发挥多 IRS 辅助无线通信优势。本书研究了在没有直接链路的情况下,双 IRS 辅助盲区用户 MISO 系统下行链路的有源波束和无源波束的设计;考虑双反射链路和单反射链路协作,联合优化基站(base station, BS)处的有源波束和 2 个 IRS 处

的无源波束,在满足发射功率的约束条件下,最大化用户加权速率和,为了解决该问题,提出了一种双 IRS 辅助闭式分式规划块坐标下降方法。首先通过闭式分数规划方法将原优化问题转化为易处理问题,然后使用近似线性块坐标下降和连续凸近似方法来找到次优解。仿真结果证明了双 IRS 辅助无线通信方案能够进一步改善系统性能,提升信道容量。

本书的编写得到了湖北省自然科学基金青年项目(2024AFB458)、荆门市一般科技计划项目(2024YFYB037、2024YFYB038)、荆楚理工学院重点科研项目(YY202408)、荆楚理工学院智联网应用创新研究中心的资助,以及荆门市重大科技创新计划项目(2022ZDYF019)、湖北省高等学校优秀中青年科技创新团队计划项目(T201923)的支持,在此一并表示感谢!

由于作者水平有限,时间也比较仓促,疏漏之处在所难免,望读者给予批评指正。

著　者

2024 年 7 月

目　　录

第 1 章 绪　　论

1.1 研究背景及意义

1.1.1 移动边缘计算

随着通信和互联网等信息技术的高速发展,人们的生活日益便利,迈入以移动通信网络和互联网等技术为基础的物联网时代[1]。物联网技术的蓬勃发展,使得万物互联得以实现,促使接入网络的移动终端数量剧增,数据流量高速增长(据预测,数据总量将从 2018 年的 33 ZB 增加到 2025 年的 175 ZB),不断挑战着无线网络的容量极限[2]。此外,伴随 5G 新技术的发展,大量新应用层出不穷,如自动驾驶、增强/虚拟现实等。这些新应用不仅对带宽有较高的要求,通常对数据存储、计算及时延也有较高的要求。然而,移动设备有限的存储和计算资源以及电池容量难以满足新应用高可靠、低时延的要求。因此,资源消耗高的新应用与资源有限的移动终端之间的矛盾日益成为制约物联网发展和新应用落地的关键因素之一。

移动设备的普及和移动互联网流量的爆炸式增长,推动了无线通信和网络技术的巨大发展。尤其是小蜂窝网络、多天线和毫米波通信等 5G 技术的突破,有望为移动用户提供千兆级的无线接入速率。为了应对移动设备计算资源、存储资源以及电池容量有限等问题,高速且高可靠的空中接口可以协助移动设备将任务传输到远程云中心运行计算服务。由此,移动云计算(mobile cloud computing,MCC)应运而生。作为一种新的计算范式,其愿景是计算、存储和网络管理的云端集中化,涉及数据中心、互联网协议(internet protocol,IP)网络以及蜂窝核心网络[3-5]。利用云端服务器提供的大量计算和存储资源,支持资源受限的移动终端的计算密集型任务。然而,MCC 存在一个固有的缺陷,即移动用户端到远端云中心的传播距离较长,移动用户经基站/接入点(access point,AP)和核心网络将任务传输到远端服务器上执行,将导致数据传输时延过长,甚至超过本地执行时间。因此,MCC 并不适合对延迟要求高的计算密集型应用。

随着5G通信系统的发展,大量具有一定计算能力的边缘设备被部署在网络中,如小区基站、无线接入点、笔记本电脑、平板电脑和智能手机等,大量边缘设备计算和存储资源可能处于空闲状态。通过在网络边缘收集大量的可用计算和存储资源,将足以实现无处不在的移动计算。简而言之,从第一代移动通信技术(first generation of mobile communications technology,1G)到第四代移动通信技术(fourth generation of mobile communications technology,4G)时代,无线通信系统的主要目标是追求越来越快的通信速度,以支持服务需求从以语音为中心过渡到以多媒体为中心。随着技术的进一步发展,无线通信速度接近有线通信速度,5G时代的诉求变得不同且更加复杂,即支持信息通信技术和互联网的爆炸式发展。大量5G新应用和新服务的涌现,如实时在线游戏、虚拟现实(virtual reality,VR)、增强现实(augmented reality,AR)、超高清视频流等,都需要前所未有的高访问速率和低延迟。然而,数十亿接入物联网的设备,如传感器和可穿戴设备等,拥有有限的计算、通信和存储资源,不得不依赖云中心或者边缘设备来提高它们的能力。然而,仅仅依靠MCC并不能满足5G的计算和通信的毫秒级延迟需求。此外,移动终端和远程云之间的数据交换将增加链路开销,可能使回程链路瘫痪。因此,需要移动边缘计算(MEC)技术来弥补MCC的不足,将数据存储、计算和网络功能推向网络边缘。图1.1为MCC和MEC的模型图。MEC由MCC发展而来。传统的MCC模型为3层架构模型,由移动终端、基站和云服务器构成。MEC模型为2层架构模型,仅包括移动终端和基站。不同于MCC模型,MEC服务器部署在边缘网络的基站上。通过将MCC云服务器的负载转移到多个本地MEC服务器上执行,不仅减少了传统云计算回传链路的资源浪费,而且大大降低了时延,同时满足了移动终端扩展计算能力的需求,保证了任务处理的可靠性,从而提高了移动终端的体验质量。

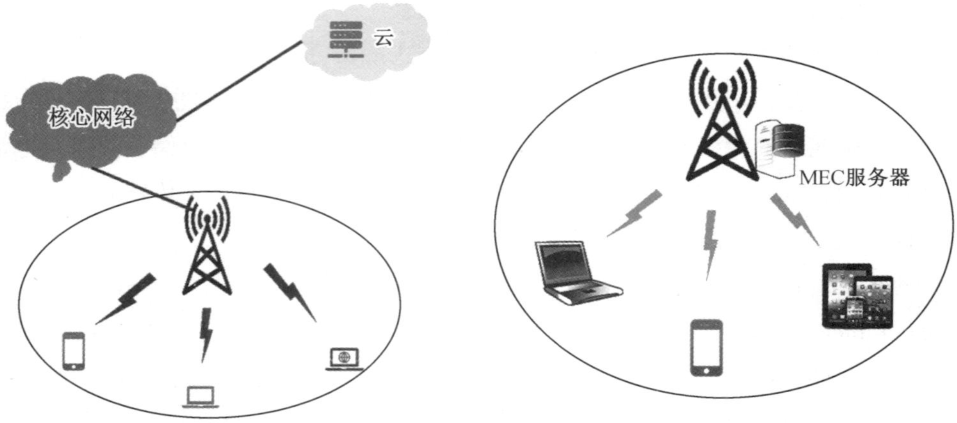

(a)MCC模型　　(b)MEC模型

图1.1　MCC和MEC的模型图

MEC概念最早由欧洲电信标准组织(European Telecommunications Standards Institute,ETSI)在2014年提出,其基本思想是“在靠近移动终端的边缘无线接入网内提供信息技术服务和云计算功能”[6]。MEC是由一个基于网络功能虚拟化、信息中心网络和软件定义网络等新技术的虚拟平台实现的。单个边缘设备通过创建多个虚拟机,可以同时执行不同的任务或者实现不同的网络功能,从而为多个移动终端提供计算服务。通过高效弹性利用存储、计算和通信资源,MEC为移动终端提供高可靠、低时延的用户体验。MEC网络可被看作一个运行在网络边缘且能够执行特定任务的云服务器,通过在小区基站附近部署边缘服务器,有利于移动终端用户就近访问信息中心和运用云计算服务。

计算卸载既是MEC的核心技术也是其关键研究问题。移动终端通过计算卸载的方式可以扩展自身的计算能力、降低移动任务执行时延以及减少终端的能量消耗(简称“能耗”),从而提升用户体验和网络资源利用率。MEC的计算卸载不同于MCC的计算卸载:第一,与云服务器相比,MEC边缘服务器计算资源有限;第二,MEC边缘服务器位于无线接入网络内,距离移动终端更近;第三,MEC网络中的移动终端通过无线链路将任务卸载到边缘服务器上;第四,MEC服务器分布分散。

MEC的计算卸载的特性决定了MEC边缘服务器在进行算法设计时,不仅要考虑服务器资源受限、移动端与服务器的距离、无线传输资源有限且信道条件受环境影响大以及服务器分布较分散等因素,还要考虑应用场景的多样化需求,面临联合设计用户选择、卸载决策、计算和通信资源分配等MEC的计算卸载联合优化设计难题。通过综合考虑卸载决策、资源分配、信道条件等因素,可实现本地业务分流,减轻核心网络负担。MEC的计算卸载的特性和难题为其设计提出了更大的挑战,因此,本书选择MEC网络的边缘计算卸载作为研究课题。

1.1.2 智能反射面

随着物联网设备的普及,数据流量剧增,不断逼近无线网络极限,学者们通过研究无线网络中的优化问题,提高无线网络性能,以满足移动终端对不同服务质量的需求。目前,无线通信网络的优化一方面集中在用户端;另一方面集中在网络控制器上,如网络运营商和基站。在用户端,可以采用多用户联合协作,如端到端通信、中继通信等。对于无线网络运营商,可以通过在网络中密集部署小型节能基站或者在基站处使用多天线技术来满足不断增长的数据流量需求,提高网络频谱效率[7]。在基站端,也可以通过优化基站的发射波束和功率分配,适应信道的变化。这些技术能够潜在地改善无线链路质量,扩大覆盖范围,减少干扰,提高网络能量效率或者频谱效率。当终端用户与网络运营商之间能够进行信息交换和协调时,可以实现联合优化。因此,学者们提出了联合系统优化,通过不同技术的组合优化提升无线网络的能量效率或频谱效率,如无线传输功率优化、资源分配、波束赋形和协同中继等[8-9]。联合优化性能虽然最优,然而较高的运营成本成为制约其实行的瓶颈。

在当前的无线网络优化技术下,无线传输环境本身仍然是一个不可控因素,严重制约无线网络性能提升。由于无线传播环境的不确定性,在到达接收机之前,无线信号在传输过程中通常要经历反射、衍射和散射,产生不同路径中原始信号的多个随机衰减和延迟。这种信号衰减成为抑制无线网络性能的主要限制因素。基于以上考虑,人们在无线通信领域中引入了智能反射面(IRS)的概念[10-12]。IRS 是一种二维人造电磁材料表面,即由大量具有特殊物理结构的无源反射元件组成的超表面。IRS 可以通过软件定义的方式控制每个反射元件。通过联合控制所有反射元件的相位和幅度,IRS 可以任意调节入射信号的反射相位和幅度,创建理想的多路径效应,从而重构智能无线传播环境。具体地说,IRS 反射的射频(radio frequency,RF)信号可以相干叠加以提高信号接收功率,也可以相消组合以减小干扰。尽管 IRS 的操作类似于多天线中继,但它与现有的中继通信有根本的不同。IRS 采用无源反射元件,不需专用的能量供应和复杂的有源电路,即可实现完全可控的波束赋形,构造智能无线传播环境。将智能无线传播环境集成到无线通信网络优化问题中,IRS 辅助的无线通信网络有望改变当前的网络优化模式,并在未来无线通信网络中发挥重要作用。

通过在周围环境中部署 IRS,如覆盖在建筑物表面或者由空中设备携带等,IRS 将不可控无线传播环境改变成能够辅助信息传感、模拟计算和无线通信的智能传播环境。随着对传统射频信号收发机的最优控制,IRS 辅助的无线通信系统变得更加灵活,可支持多样的用户需求,如提高传输速率、扩大覆盖范围、减少消耗以及更安全地进行信息传输等[13-14]。IRS 辅助无线通信网络的优势可以概括为以下几个方面:

1. 易于部署和可持续运行

IRS 由嵌入表面的低成本无源反射元件组成。它可以是任何形状,为其部署和替换提供了很强的灵活性。IRS 可以便捷地附着在各种物体的表面,如建筑物的外墙、室内墙壁和天花板等。由于反射元件不需要传输任何射频链,其能耗和硬件成本远低于接入点或基站处的传统有源天线,并且在反射过程中几乎没有额外的热噪声。从实现的角度来看,IRS 形状多样、质量小、能耗低,可以轻松地部署在周围低能耗的环境物体上。

2. 无源波束赋形灵活重构无线传播环境

通过联合优化 IRS 各反射元件的相移和幅度,即无源波束赋形,可以使反射信号在目标接收机上相干聚焦,在其他方向上相消为零。反射元件的数量取决于 IRS 的表面积,可以非常大。这意味着 IRS 辅助无线网络的性能改进具有很大的潜力。

3. 提升信道容量和能量或频谱效率

在无线网络中合理部署 IRS,能够智能重构无线传输信道,降低功率,支持更大的信道容量。IRS 的使用也能有效抑制干扰，为用户提供更好的信号质量。对于多用户无线网络，通过对反射元件进行规划分配，能够辅助不同用户进行数据传输。

4. 与新兴应用融合

IRS 的发展有望为新兴的有潜力的研究注入新的动力。例如，IRS 作为一种新颖的方法，能够通过同时控制发射机的发射和 IRS 反射面的发射阻止无线网络中的窃听袭击。无线携能通信、MEC、无人机通信等其他新兴领域同样受益于 IRS 的使用。

在 MEC 网络中，由于无线传播的随机性，任务卸载时间甚至可能会长于本地计算时间，恶劣的传播环境严重抑制 MEC 性能的提升。从通信的角度出发，将 IRS 技术应用于 MEC 网络中可进一步提升 MEC 性能。然而，联合优化 IRS 无源波束赋形与 MEC 的计算和通信资源以及卸载决策带来新的难题，因此本书选择 IRS 辅助通信和边缘计算卸载作为研究课题。

1.2　国内外研究现状

为了满足大量计算密集型和延迟敏感型应用的需求，MEC 技术越来越受到研究者的广泛关注。近年来，学术界和工业界普遍认为，合理的决策有利于提升 MEC 网络的性能[15]。此外，合理的资源分配对于提高 MEC 的性能也很重要[16-17]。因此，大量现有工作重点研究了计算卸载问题，包括卸载决策的设计、计算资源分配、通信资源分配等。随着 5G 技术的不断发展，MEC 技术与各种新技术融合，如多天线技术、IRS 技术、非正交多址（non-orthogonal multiple access，NOMA）、无线携能通信技术等，进一步推动了 MEC 网络性能的提升。MEC 根据任务是否可剪裁分为部分计算卸载和二元计算卸载。本节总结了边缘计算资源分配和 IRS 辅助通信资源分配的国内外研究现状。

1.2.1　边缘计算资源分配

计算卸载的核心问题是根据周围环境情况选择合适的卸载决策。在 MEC 网络中，计算卸载的结果通常可以分为 3 种：在移动设备上本地执行、全部卸载到边缘服务器上执行和部分卸载到边缘服务器上执行。对于高度集成或相对简单的不能剪裁的任务，必须整体在移动设备上本地执行，或者全部卸载到边缘服务器上执行，可以将其建模为 0 或 1 的二元计算卸载问题。对于可剪裁的大规模计算密集型任务，通常可以部分在本地执行，部分卸载执行，可以将其建模为 0 到 1 的部分卸载问题。为了充分发挥边缘服务器的优势以提高 MEC 网络的计算卸载性能，研究者开展了大量的研究工作[18-20]。接下来分别介绍二元计算卸载、部分计算卸载、安全计算卸载、无线充电计算卸载和协作计算卸载的研究现状。

1. 二元计算卸载

二元计算卸载决策通常用于处理计算密集且规模较小的原子任务。根据原子任务的特性,这类任务通常作为一个不可分割的整体被卸载到边缘服务器上执行。通过计算卸载,MEC 网络能够有效缩短任务执行时间,并节省移动设备的能耗,既缩短了时延又延长了移动端电池寿命。当计算任务不卸载到本地执行时,任务的执行时延就是移动端本地完成计算任务的时间。当计算任务被整体卸载到边缘服务器上执行时,任务的执行时延包括以下 3 部分:一是移动设备将任务卸载到边缘服务器上的任务传输时间;二是计算任务在边缘服务器上的执行时间;三是边缘服务器将执行结果返回给移动设备的时间。类似地,MEC 网络中的任务完成的能耗可以表示为:当计算任务不卸载时,完成任务的能耗即为移动端本地完成计算任务的能耗;当任务全部卸载到边缘服务器上执行时,完成任务的能耗包括移动端传输的能耗和边缘服务器执行任务的能耗。根据优化目标的不同,分别对研究目标为能耗、时延、时延和能耗之和以及其他目标的边缘计算资源分配问题的研究现状进行总结。

针对单用户场景下最小化能耗的二元计算卸载问题[21-22],Zhang 等[21]通过优化二元卸载决策来决定任务是本地执行(即移动终端执行)还是卸载执行(云服务器执行),根据卸载决策重新配置移动端 CPU 频率或者根据信道条件动态改变任务卸载速率,实现能耗最小化的优化目标。同时,其推导了一个阈值策略,将数据消耗率(定义为数据大小(L)与延迟约束(T)之间的比值)与依赖于能耗模型和无线信道模型的阈值进行比较。为了简化说明,参考文献[22]介绍了多种单用户场景下移动边缘计算卸载问题,分别在满足时延约束和计算资源约束的条件下最小化系统能耗。

针对多用户场景下最小化能耗的二元卸载问题[23-25],Wang 等[25]研究了在给定时间约束下,边缘计算与云无线接入网络结合的联合能耗最小化资源分配问题,以任务执行时间、传输功率、计算能力和数据卸载速率为约束条件,将联合能耗最小化问题建模为非凸优化问题,并将其转化为基于加权最小均方差(weighted minimum mean square error,WMMSE)的等效凸问题进行求解。此外,Zhang 等[26]根据移动端无线卸载链路的信道质量和计算资源将用户分类,提出了针对不同种类用户的计算卸载算法,以最小化用户能耗。

Kamoun 等[27]在满足延迟约束的条件下,通过联合优化计算资源和通信资源的分配策略,使移动终端的能耗最小化,并对比了在线学习方案和离线学习方案,证明即使在不完全了解卸载任务的情况下,离线学习方案在移动设备的能耗方面也能获得较好的性能。Wang 等[28]提出了一种约束随机连续凸近似算法,通过低复杂度地联合优化发射功率、卸载决策和计算资源分配来最小化移动设备的总能耗。

Liu 等[29]以最小化任务执行时延为优化目标,根据缓冲区任务的排队状态、本地任务的执行状态以及卸载任务的传输状态,采用马尔可夫决策过程方法来调度计算任务。其通过分析每个移动设备的平均能耗和任务的平均执行时延,在满足功率约束的条件下提出了一个延迟最小化问题,并提出了一种高效的一维搜索算法来获得最优的二元卸载策略。

Saleem 等[30]提出了基于设备到设备的协作移动边缘计算,综合考虑了用户移动性、分布式资源、任务属性、用户设备能量约束等因素,制定了任务和功率分配方案,使总任务执行时延最小化。Liu 等[29]提出了一种新的一维搜索算法来处理功率受限延迟最小化问题。该算法根据应用程序缓冲区的排队状态、本地处理单元和远程传输单元的可用功率以及移动设备和 MEC 服务器之间的信道状态信息,获得了最佳卸载决策。Chen 等[31]设计了基于博弈论方法的分布式计算卸载算法,以获得高效的计算卸载决策,这需要移动设备和 MEC 服务器之间的多次通信迭代。类似地,Tran 等[32]和 Bi 等[33]采用迭代方法更新二元卸载决策,以解决联合任务卸载和资源分配问题。

Chen 等[34]提出了一种以时延、能耗之和为优化目标的二元卸载决策方案,使计算任务可以在本地、边缘服务器或远程云服务器上执行。其通过优化所有用户的卸载决策和资源分配,最小化用户的时延、能耗之和。此外,其提出一种有效的三步算法,在大范围的参数设置下总是能计算出局部最优解,并给出近似最优的性能。

Lyu 等[35]利用移动设备和用户偏好功能的可变性,采用基于任务完成时间和移动设备的能耗的系统指标来衡量体验质量,提出了一种启发式卸载决策算法。其通过联合优化卸载决策、计算和通信资源分配,使系统效用最大化,并将原始优化问题分解为两个问题,分别优化卸载决策和资源分配。

Long 等[36]在计算和通信资源有限的条件下,综合考虑了计算卸载、计算和通信资源分配问题,使时延和成本最小化,并将其建模为一个多目标计算卸载和资源分配博弈问题,证明了纳什均衡的存在。此外,其提出了一种综合考虑频谱资源、计算资源和下载决策的 MCORA 算法。

Sun 等[37]研究了多用户、多服务器车辆边缘网络中优化延迟和计算资源消耗的任务卸载算法,不仅决定了任务的执行位置,还指示了任务在服务器上的执行顺序。为了降低时间复杂度,提出了一种基于单亲遗传算法和启发式规则的混合智能优化算法。Jošilo 等[38]考虑通过选择何时执行任务以及通过哪条链路将任务卸载到边缘服务器上来最小化自身成本的自主无线设备(wireless device,WD),解决了协调无线设备的卸载决策问题,将边缘卸载决策优化问题建模为博弈论模型,并提出了计算均衡的多项式复杂度算法。

2. 部分计算卸载

上述文献重点研究了二元卸载决策和资源分配优化问题,然而在实际应用中,计算任务往往可以被剪裁为多个部分。根据剪裁的计算模块能否卸载,部分计算卸载决策可以分为两种类型：完全可卸载的离散计算模块和部分可卸载的离散计算模块。前者所有的模块都能卸载到边缘服务器上执行；后者的一部分模块必须在本地执行，另一部分模块能卸载到边缘服务器上执行。下面根据研究目标的不同，分别对研究目标为能耗、时延、时延与能耗之和、其他目标的边缘计算资源分配问题的研究现状进行总结。

Mahmoodi 等[39]研究了单用户场景下 MEC 网络中移动设备能耗最小化问题。其首先将计算任务划分为可卸载模块和不可卸载模块，将可卸载模块进一步剪裁，并介绍了无线感知联合调度和计算卸载（JSCO）方法。JSCO 方法对哪些模块需要卸载和这些模块的调度顺序进行最优决策。其根据 JSCO 方法，在通信延迟、整体任务执行时间和模块优先顺序的约束下，最小化移动设备的能耗。

Guo 等[40]针对 MEC 托管采用蜂窝网络与骨干网络相结合的组网技术，存在接入方式单一、拥塞高、时延长、能耗高等缺点，引入 FiWi（fiber-wireless）混合网络，提出 FiWi 接入网络体系结构，实现云计算和边缘计算共存。其研究了云-边缘协作计算卸载问题，提出了近似协作计算卸载和博弈论协作计算卸载两种卸载方案，提升了 MEC 的卸载性能和可扩展性。

为解决 MEC 网络移动端任务依赖和适应动态场景的挑战，Wang 等[41]提出了一种基于深度强化学习的计算卸载框架。该框架可以有效地学习由专门设计的序列到序列架构的神经网络表示的卸载策略，并且可以自动发现各种应用程序背后的共同模式，从而推断出不同应用场景下的最优卸载决策。

Wang 等[42]研究了多用户 MEC 系统，其中，基站为多个具有计算密集型任务的用户提供计算服务。用户通过多天线 NOMA 将计算任务卸载到边缘服务器上执行，基站采用串行干扰消除技术解码多用户的卸载数据。在满足时延约束的条件下，其通过联合优化计算和通信资源以及基站串行干扰消除技术解码顺序，使所有用户的加权能耗和最小。

Liu 等[43]研究了车载边缘网络中的计算卸载问题并将其描述为多用户计算卸载博弈问题，证明了博弈纳什均衡的存在，并提出一种分布式计算卸载算法来计算平衡。Wu 等[44]提出了基于 NOMA 的计算卸载方案，在满足功率和卸载时间约束的条件下，通过联合优化任务卸载量、用户到基站的上行卸载时间分配和基站到用户的下行结果返回时间分配，使所有用户的总时延最小。该联合优化问题非凸，利用其分层结构，Wu 等提出一种计算最优卸载方案的有效算法。

Liu 等[45]研究了多用户 MEC 场景并提出在用户端采用混合多址技术将计算任务卸载到边缘服务器上，其中，混合多址传输包含 3 种卸载方式：混合非正交多址-正交多址、正交多址和非正交多址。在满足能耗约束的条件下，通过联合优化卸载方式和用户选择，使用户的最大卸载延迟最小化，并将其建模为非凸优化问题，设计了一种逐

次凸近似算法求解该问题

Feng 等[46]采用部分卸载决策,通过联合优化卸载决策、计算和通信资源分配,最大限度地降低用户完成任务的平均时延。该优化问题为非凸优化问题,由于优化变量深度耦合,其采用块坐标下降法将原始优化问题分解为卸载决策子问题、通信和计算资源分配子问题进行求解。

Kuang[47]等研究了 MEC 系统单用户多个独立任务的部分卸载调度和资源分配问题。其在满足任务传输功率约束的条件下,联合优化卸载决策、调度和功率分配,使任务完成加权时延和加权能耗的和最小。其将该问题建模为一个非凸混合整数规划问题,并提出基于拉格朗日对偶的两级交替优化算法。其在上层采用流车间调度理论或贪婪策略求解给定传输功率分配下的任务卸载决策和卸载调度问题;在下层采用凸优化技术求解次优功率分配问题。

Mao 等[48]研究了多用户 MEC 系统中两个关键但相互冲突的目标即完成计算任务的能耗和时延之间的权衡。其提出了基于 Lyapunov 优化的在线算法,联合优化 CPU 频率、发射功率和带宽,节省了移动用户能耗,降低了任务执行时延。

Seid 等[49]研究了基于深度强化学习的无人机(unmanned aerial vehicle,UVA)协作 MEC 系统。该系统包含一个中央网络控制器,它对样本进行训练,再将训练结果广播给 UVA 簇网络。UVA 簇中的代理以分散的方式自动为物联网边缘设备分配资源。为了最小化任务执行时延和能耗,其提出了基于无模型深度强化学习的协作计算卸载和资源分配问题,并在动态空地网络的自适应学习中获得有效的解决方案。

针对用户需求不同,Zhao 等[50]考虑面向通信的用户(communication-oriented user,CM-UE)和面向计算的用户(computing-oriented user,CP-UE)的数据传输需求,研究了毫米波通信 MEC 系统计算卸载的资源分配问题。其将用户配对、带宽分配和功率分配的联合优化问题建模为多目标问题,最小化 CP-UE 的卸载延迟和最大化 CM-UE 的传输速率;通过使用 ε-约束法,将多目标优化问题转化为单目标优化问题,而不损失帕累托最优,并提出三阶段迭代算法求解资源分配问题。

Sun 等[51]研究了设备到设备(device to device,D2D)辅助的无线供电 MEC 网络中资源管理问题,其中一个设备可以用其资源为其他设备转发或执行计算任务。其目标为通过优化卸载决策、发射功率、能量传输功率以及 CPU 速率,使长期能量利用效率(utility-energy efficiency,UEE)最高,UEE 的定义为单位能量完成的计算数据。由于所提出的问题为分数形式且难以求解,其采用 Dinkelbach 方法将原始优化问题转化为参数减法形式。此外,由于动态任务到达率和电池电量变化,所提出的问题具有时变和随机性,因此其通过引入虚拟队列并采用 Lyapunov 优化理论,将长期问题转化为每个时隙的确定性问题。通过引入控制参数 V,该方案可以平衡最优 UEE 和稳定数据队列。

3. 安全计算卸载

移动设备通过无线链路卸载计算任务，由于广播的性质，卸载数据可能被非法用户窃听，这将导致信息泄露，严重威胁卸载数据安全。因此，MEC 系统中提高卸载数据保密率是十分必要的。Lai 等[52]研究了存在窃听者的 MEC 网络的安全计算卸载问题，当用户向边缘服务器卸载任务时，可能会因被窃听者窃听而导致信息泄露。为了解决这一问题，在满足时延和能量约束的条件下，Lai 等提出了保密中断概率（secrecy outage probability，SOP）最小化问题，并引入 3 种用户选择准则，其中准则 Ⅰ 使局部计算能力最大化，准则 Ⅱ 和准则 Ⅲ 分别使主链路的保密率和速率最大化。其通过推导 SOP 的解析表达式和渐近表达式进一步分析了系统的保密性能。Xu 等[53]研究了一个由一个接入点、多个移动设备和一个恶意窃听者组成的 MEC 系统。其通过联合优化任务分配、本地 CPU 频率、卸载发射功率和卸载时隙分配，使系统总能耗最小化。

Zhou 等[54]通过在 MEC 系统中发射干扰信号来增强 UVA 的安全性，共同优化发射功率、UVA 位置和卸载比以及 UVA 干扰功率，使最小保密率达到最大。Xu 等[55]研究了对可疑 MEC 网络的合法监视，在满足监视发射功率和任务完成时间截止日期约束的条件下，通过优化监视模式和发射功率，使成功窃听任务的平均比例最大化。He 等[56]提出了一种新的物理层辅助安全卸载方案，即边缘服务器主动广播干扰信号以组织窃听，并利用全双工通信技术有效抑制干扰。

4. 无线充电计算卸载

无线充电移动边缘计算是移动边缘计算和无线能量传输（wireless power transfer，WPT）技术的融合，旨在提高移动设备的计算能力，并对容量有限的电池进行能量补充。近年来，为了实现绿色通信，研究者们对无线充电移动边缘计算展开了大量研究。You 等[57]首先研究了一种无线供电的单用户 MEC 网络，在满足计算延迟约束的条件下，通过联合优化能量转移和任务卸载量，使用户的成功计算概率最大化。Bi 等[58]考虑了一个无线供电的 MEC 网络，使用户采用二元卸载决策卸载计算任务，通过联合优化单个计算模式选择和系统传输时间分配，最大化所有用户的加权计算率和。

Wen 等[59]提出了一种基于多输入多输出全双工继电器的无线信息和能量传输的 MEC 系统。该系统使用户可以利用自身电池能量进行本地计算或者将部分或全部任务卸载到边缘服务器上执行，并在接收计算结果时为电池充电。Wen 等在此基础上研究了在保证时延和能耗约束的前提下，使系统能耗最小化的节能问题。Chen 等[60]研究了无线能量收集 MEC 网络的部分卸载和资源分配问题，并提出了一种图卷积神经网络，对其进行训练，输出优化的卸载决策、本地计算频率和上行发射功率。Deng 等[61]研究了一个由多个基站和移动设备组成的无线充电移动边缘计算系统，提出了一种基于扰动 Lyapunov 优化的动态吞吐量最大化算法。其通过优化通信、计算资源和能量的分配，在满足任务和队列稳定性约束条件下最大化系统吞吐量。Feng 等[62]将波束赋形和 NOMA 技术应用于 UVA 辅助的无线充电的移动边缘计算系统，在满足能量收集和覆盖限制的条件下,最大化物联网设备的总计算率和。

5. 协作计算卸载

随着智能物联网的发展,大量设备被密集地部署在无线网络中。由于无线流量的突发性,当一些设备正在进行计算时,很可能存在另一些闲置的设备的计算资源未被使用的情况。为了充分利用闲置资源,研究者们提出协作计算卸载。Kuang 等[63]研究了 MEC 中协作计算任务卸载方案和资源分配的联合问题,考虑了移动设备、移动边缘服务器节点和移动云服务器节点之间的垂直协作,以及边缘节点之间的水平协作。其提出了计算卸载决策、协同选择、功率分配和 CPU 周期频率分配问题,目标是在保证传输功率、能耗和 CPU 周期频率约束的情况下,使时延最小化。

Feng 等[64]采用区块链技术,以确保 MEC 系统中数据的可靠性和不可逆性,设计并优化了区块链和 MEC 的性能。其通过共同优化卸载决策、功率分配、块大小和块间隔,为支持区块链的系统和区块链系统的事务吞吐量开发了一个协作计算卸载和资源分配框架。由于无线衰落信道和 MEC 服务器上处理队列的动态特性,联合优化被表述为马尔可夫决策过程。为了解决基于区块链的 MEC 系统的动态性和复杂性,其开发了一种异步优势算法,通过利用异步梯度下降法消除数据的相关性来优化深度神经网络。

Xu 等[65]提出了一种基于成本的协作计算卸载模型。在该模型中,当任务请求设备协助计算时,需要支付相应的计算成本,并通过联合优化卸载决策和资源分配最小化能耗与计算成本之和。Wang 等[66]采用了 NOMA 技术,使物联网设备能够在公共时间窗口内分别向边缘服务器和合作节点广播两个独立的数据流,而合作节点在计算从物联网设备处卸载的任务之前有一个私有任务要处理。Li 等[67]研究了一种运行顺序任务的协同 MEC 系统,并且为了使物联网设备和协同节点的能耗最小化,优化了任务卸载决策以及通信和计算资源的分配。Liu 等[68]研究了 UVA 无线供电协作 MEC 系统,协同节点的角色由 UVA 承担,并进行了飞行轨迹、任务卸载策略和通信资源分配的联合设计。

1.2.2 IRS 辅助的通信资源分配

1. IRS 辅助通信

随着 5G 无线通信网络的不断部署和即将到来的商业化,6G 无线通信网络近年来受到越来越多的关注,其目标是满足比 5G 更严格的要求,如更高的数据速率、更大的带宽、更高的频谱效率、更高的连接密度、更低的延迟、更大的覆盖范围、更智能的通信等[69-71]。然而,这些要求在当前技术发展趋势下可能无法完全实现。因此,为了使未来的无线通信网络以较低的成本、复杂性和能耗获得可持续的信道容量增长,开发具有颠覆性的创新技术迫在眉睫。IRS 作为 6G 无线通信网络的重要技术之一,是由大量无源反射元件组成的平面,每个反射元件能够独立地控制入射信号的相位和幅度变化[72]。通过在无线网络中合理配置 IRS,巧妙地协调信号反射,能够灵活重构发射机和接收机之间的信号传播环境或无线信道,从而从根本上解决无线信道的衰落和干扰问题,提升无线信道的容量和可靠性。近年来,IRS 在未来无线通信网络中的广阔前景吸引了大量研究者进行广泛研究,如 IRS 的实现、信道模型、应用等。本书从 IRS 改善无线通信环境的角度出发,分别从 IRS 辅助无线通信和 IRS 辅助 MEC 两方面总结 IRS 的研究现状。

针对 IRS 辅助无线通信问题,着重处理 3 个重点设计问题:IRS 无源反射波束优化、IRS 信道估计和不同通信场景 IRS 的部署。Wu 等[73]研究了一种 IRS 增强的点对点多输入单输出无线系统,其中部署了一个 IRS 来协助从多天线接入点到单天线用户的通信。用户同时接收接入点直接发送的信号和 IRS 的反射信号,并通过联合优化接入点的有源波束赋形和 IRS 的无源波束赋形,最大限度地提升用户接收信号的总功率。假设 IRS 信道状态信息已知,其提出了一种低复杂度的交替优化算法,交替优化接入点和 IRS 的波束赋形,直到达到收敛。仿真结构表明,与没有 IRS 的传统无线通信相比,IRS 能够极大地提升链路质量和覆盖范围。Guo 等[74]研究了 IRS 辅助的多用户 MISO 系统的下行链路,考虑实际 IRS 假设,即 IRS 以离散相位改变入射信号的相位。通过联合优化基站处的有源波束和 IRS 处的无源波束,使所有用户的加权速率和最大。对该非凸问题首先通过拉格朗日对偶变换进行分解,然后交替优化有源波束赋形和无源波束赋形。此外,针对无源波束赋形,Guo 等提出了一种同时适合 IRS 离散相移和连续相移的闭式解算法。

大量研究工作都考虑了瞬时信道状态信息,由于大量反射元件和无源操作,IRS 相关链路的信道状态信息很难获取。为了克服这一困难,Zhao 等[75]提出了一种双时间尺度传输协议,在位置相关莱斯信道模型下最大化 IRS 辅助多用户系统的可实现平均和速率。具体而言,先根据所有信道的统计信道信息优化 IRS 相移,而接入点处的有源波束使用优化的 IRS 相位并根据用户的衰落信道的瞬时状态信息进行优化,这样,接入点处有源波束更新多次,无源波束更新一次,显著降低了信道训练开销和无源波束设计的复杂性。以上文献均对 IRS 的无源波束进行了优化设计,从而提升了无线通信系统的性能。

He 等[76]研究了 IRS 辅助链路的信道估计问题,考虑了连续相位 IRS 辅助的多输入多输出(multiple-input multiple-output,MIMO)系统的信道估计问题。由于 IRS 只能通过反射元件被动反射入射信号,并不具备任何信号处理能力,其相关信道状态信息难以估计。为了解决该问题,He 等介绍了发射机-IRS 和接收机-IRS 级联信道估计的一般框架,并提出了一种包括稀疏矩阵分解阶段和矩阵完成阶段的两阶段算法。仿真结果表明,该方法可以在 IRS 辅助的 MIMO 系统中实现精确的信道估计。

You 等[77]研究了一个 IRS 辅助的单用户通信系统,并设计了用于信道估计的 IRS 训练反射矩阵以及用于数据传输的无源波束赋形,两者都使用离散相位约束。离散相位的训练反射矩阵设计与连续相位不同，且相应的无源波束赋形需要考虑由离散相位造成的相关 IRS 信道估计误差。此外，其提出了一种新的分层训练反射矩阵设计方法，同时利用 IRS 元素分组划分，在多个时间块上逐步估计 IRS 反射元件的信道信息。其基于每个块中解析的 IRS 信道信息，进一步设计了具有离散相位的 IRS 的渐近无源波束赋形，以提高块上数据传输的可实现速率。

Han 等[78]研究了 M 个反射元的 IRS 辅助的双用户通信网络的容量域问题，其中 IRS 引起的延迟忽略不计，因此用户与接入点之间的 IRS 辅助链路遵循经典的离散无记忆信道模型。其考虑分布式和集中式 2 种 IRS 部署策略，前者将 M 个反射元件分成 2 个 IRS，分别部署在 2 个用户附近；后者将 M 个反射元的 IRS 部署在接入点附近。结果表明，在对称信道设置下，集中式部署 IRS 辅助通信网络可实现的用户速率通常优于分布式部署。

2. IRS 辅助的边缘计算

从改善传输链路质量的角度出发，将 IRS 技术与 MEC 结合有利于进一步提升 MEC 网络的性能。通过 IRS 辅助的通信，移动设备在进行计算卸载时不仅可以通过 IRS 辅助链路获得虚拟整列增益，也可以通过优化反射元件相位获得无源反射波束赋形增益，这些增益可以大幅提升卸载效率。Liu 等[79]研究了 IRS 辅助的 MEC，通过在 MEC 网络中部署 IRS，改善了移动设备和边缘服务器之间的无线链路。其使移动设备将计算任务卸载到边缘服务器上，调整 IRS 相位，同时保持移动设备的卸载激励，并确保每个设备的规定信息速率，使收益最大化，以降低相关的综合成本，即任务完成时间和能耗的加权和。该优化问题非凸，其目标函数为难以处理的分式形式。为了解决该问题，其开发了一个迭代评估程序以确定问题的可行性，并提出了一种优化目标函数的算法。仿真结果表明，IRS 的部署使移动设备具有更好的信息速率，从而提高 MEC 网络边缘服务器的收益。

Zhang 等[80]研究了 IRS 辅助的无线供电的移动边缘计算网络，其中 IRS 能够提供级联反射链路，从而增强移动设备的卸载能力。在此系统模型的基础上，Zhang 等研究了移动设备的效用和最大化问题，其中包括能源效率、时间延迟和计算卸载的价格。然而，在动态系统中，最优卸载决策的设计十分复杂。为了解决这个问题，Zhang 等提出了一种基于深度强化学习的方法，使客户端根据动态信道条件和计算任务的随机到达选择一个最优的时间分配、计算任务分配和 IRS 反射系数，以获得更好的奖励。仿真结果证明，基于深度强化学习的 IRS 辅助卸载算法明显优于无 IRS 辅助卸载算法。

为了克服大规模低功耗无线设备计算资源和能量不足的问题，Bai 等[81]研究了无线充电的 MEC 系统，并部署了 IRS 增强无线能量传输和计算卸载的传输链路，其中 Bai 等无线能量传输和计算卸载都基于正交频分复用系统。基于该系统模型，Bai 等通过优化无线能量传输信号的能量分配、移动设备的本地计算频率、用于卸载的带宽和功率分配以及 IRS 的反射系数,最小化 IRS 辅助的无线充电 MEC 网络的能耗。由于无线能量传输变量和计算设置之间的深度耦合以及 IRS 相位的单元模约束,Bai 等采用交替优化方法解耦变量,并采用连续凸逼近算法分别求解无线能量传输和移动端计算卸载时的 IRS 相位。

1.3 本书的主要研究内容和结构安排

MEC 网络将云计算服务下沉至网络边缘,为应对物联网中高可靠、低时延需求的计算密集型任务带来了新的解决方案,同时也带来了新的问题和挑战。首先,传统二元计算卸载优化问题多为混合整数规划问题,数学分析方法求解复杂度高。其次,移动设备将计算密集型和资源紧缺型应用程序通过无线链路卸载到边缘服务器上,拓展了移动设备功能。由于无线传播环境的不确定性,如果不能有效地将任务卸载到边缘服务器上,就无法享受 MEC 分流带来的优势。随着 6G 通信技术的发展,IRS 作为一种有潜力的新技术,能够有效改善无线传播环境。因此,从通信角度出发,将 IRS 技术与 MEC 网络结合,通过改善无线卸载链路通信质量,可进一步发挥 MEC 网络优势。基于以上考虑,本书研究了物联网中深度学习边缘计算和通信、IRS 辅助安全边缘计算和通信、IRS 辅助无线充电协作边缘计算和通信、双 IRS 辅助的 MISO 通信的资源分配问题。

图 1.2 为本书主要研究内容和组织结构图,全书围绕边缘计算和通信资源分配展开,共包含 7 章,具体章节安排和主要内容如下。

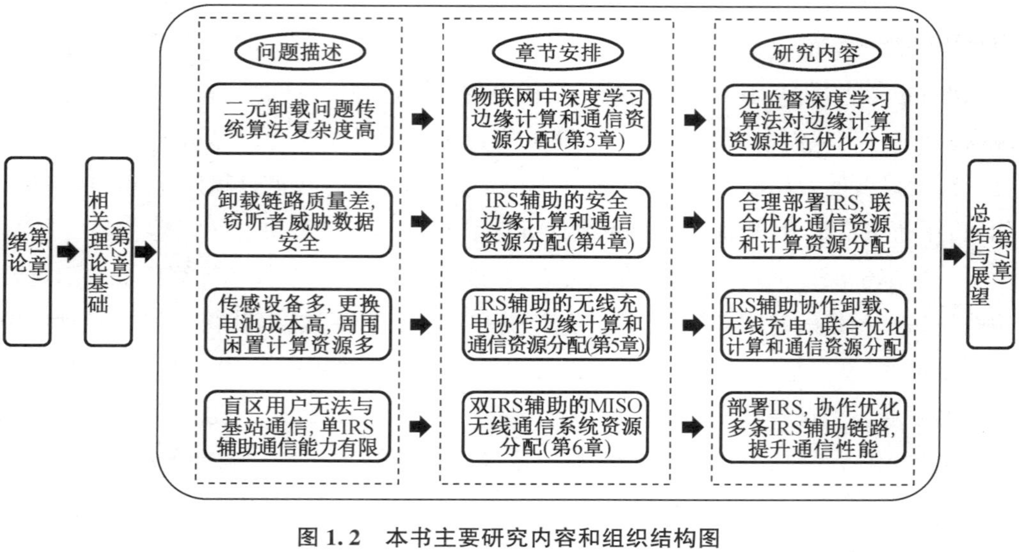

图 1.2　本书主要研究内容和组织结构图

第 1 章为绪论,介绍了本书的研究背景与意义。首先,介绍了 MEC 和 IRS 的发展背景以及研究意义。其次,分别从二元计算卸载、部分计算卸载、安全计算卸载、无线充电计算卸载和协作计算卸载 5 个方面概括了边缘计算资源分配研究现状。再次,分别总结了 IRS 辅助通信和 IRS 辅助边缘计算的研究现状。最后,总结了本书的主要研究内容和结构安排。

第 2 章为相关技术和理论基础。首先,介绍了 MEC 的系统架构、优势和应用场景以及计算卸载。其次,介绍了 IRS 的基本结构、工作原理、信道模型以及优势和应用。最后,介绍了无线携能通信技术和相关优化理论。

第 3 章研究了物联网中深度学习边缘计算和通信资源分配问题。首先,提出了针对原子问题的多用户二元计算卸载模型。其次,将二元卸载决策和通信资源联合优化问题建模为用户加权能耗和最小化问题,该问题为非凸的混合整数规划问题。最后,采用无监督学习方法,提出基于全连接层神经网络的联合训练网络有效求解该优化问题。

第 4 章研究了物联网中 IRS 辅助的安全边缘计算和通信资源分配问题。首先,提出了针对存在窃听者的移动边缘计算卸载模型,从通信角度出发,在 MEC 网络中合理部署 IRS,改善无线传播环境。其次,将部分卸载决策、计算资源和通信资源的联合优化问题建模为任务完成加权时延和最小化问题,该问题为非凸优化问题。最后,将原始优化问题分解为通信设计子问题和计算设计子问题进行求解。

第 5 章研究了 IRS 辅助的无线充电协作边缘计算和通信资源分配问题。首先,针对物联网中计算资源有限的低功耗设备,提出了 IRS 辅助的无线充电协作计算卸载系统模型。其次,将卸载时间分配、发射功率、CPU 计算频率、IRS 辅助下行充电时的反射系数和 IRS 辅助上行卸载时的反射系数的联合优化问题,建模为以最大化用户任务处理总比特数为目标的非凸协作计算卸载优化问题。最后,采用块坐标下降法求解该优化问题。

第 6 章研究了双 IRS 辅助的 MISO 无线通信系统资源分配问题。首先,针对移动网络中基站与用户之间直接链路被阻断的情况,提出了 IRS 辅助的 MISO 系统通信模型,通过在基站与用户之间合理部署 IRS,绕开障碍物,实现基站与用户的通信。其次,通过优化基站处的有源波束赋形和 IRS 处的无源波束赋形,最大化用户的加权速率和。最后,设计了有源波束和无源波束联合优化的低复杂度算法。

第 7 章对全书研究内容进行了总结归纳,并基于本书研究工作对未来相关研究工作进行了展望。

第 2 章　相关理论基础

为了研究移动网络中的边缘计算和通信资源分配问题，本章介绍了相关的理论基础知识，主要包括移动边缘计算的基础理论、智能反射面、无线携能通信技术和相关优化理论。

2.1　移动边缘计算的基础理论

2.1.1　移动边缘计算的系统架构

随着新兴技术的飞速发展，如多天线系统、毫米波通信等技术推动通信网络实现千兆级通信速率。5G 时代，物联网接入设备数量和种类呈爆炸式增长，各种应用趋于复杂化和多样化，各种高可靠、低时延的任务层出不穷。物联网设备有限的处理能力并不能满足高可靠、低时延的任务需求。因此，在高通信速率的支持下可以将任务计算扩展到网络边缘。MEC 作为一种新的网络范式，是一种基于移动通信网络的分布式计算方式，其核心思想是将云服务（任务计算、数据缓存和网络共享等功能）从集中式云服务器转移到分布式的网络边缘。作为 5G 的关键技术之一，MEC 受到国内外研究者的广泛关注，成为相关领域的研究热点。

图 2.1 为简化的 MEC 体系结构图。MEC 系统位于移动设备和核心网络之间，由移动边缘主机层及其管理和功能模块组成。在移动边缘主机层中，应用程序通过边缘主机的虚拟化设施运行虚拟机，并提供任务执行、带宽管理和无线网络信息等服务。移动边缘平台为设备提供边缘服务，其平台管理器具有模块管理功能，管理应用程序的生命周期、操作规则、服务需求等。在移动边缘系统层中，移动边缘协调器记录了边缘主机的部署、可用资源和可用服务的拓扑信息。它与虚拟化设施链接，验证和确认应用程序身份，并选择合适的主机满足应用程序的需求[82]。同时，移动边缘协调器也要在移动设备中运行，并与边缘系统交互，从而实现边缘应用程序的装载和实例化。

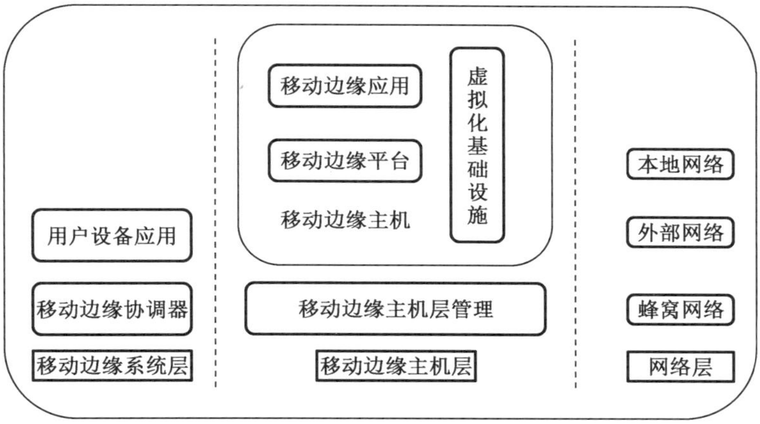

图 2.1　简化的 MEC 体系结构图

2.1.2　移动边缘计算的优势和应用场景

表 2.1 对比了 MCC 和 MEC 的特征。MEC 作为 5G 关键技术之一,与传统 MCC 相比,在服务器部署、到终端用户的距离和时延等方面存在显著差异。第一,MEC 具有时延低、移动设备节能、支持上下文感知计算、增强移动应用的隐私性和安全性等优点。对于 MEC 网络中的移动设备而言,由于 MEC 服务器距离移动设备较近,传播远小于 MCC 网络,大大降低了传播延迟。第二,MCC 要求信息经过无线接入网络、回程网络和因特网等,流量控制、路由等网络管理操作延迟也高于 MEC 网络。移动设备通过计算卸载,将任务卸载到边缘服务器上执行,节省本地能耗,延长电池寿命。同时,MEC 服务器还能够利用边缘设备与终端用户的接近性来跟踪它们的实时信息,如行为、位置和环境。第三,MCC 云服务器是远程的公共大数据中心,其由于高度集中用户信息资源而容易受到攻击;MEC 服务器采用分布式部署,规模小,信息分散,能够有效增强隐私性和安全性。

表 2.1　MCC 与 MEC 对比

特征	MCC	MEC
网络部署	集中式:数据处理中心位于云端	分布式:服务器位于网络边缘
用户距离	远离终端用户	靠近终端用户
时延	较高	较低
可扩展性	数据中心	数据中心和边缘
存储容量	高	低
功率损耗	高	低

随着5G和互联网技术的快速发展,智能物联网的高速普及,数据流量的增长,高可靠、低时延应用日益增加等因素不断推动MEC满足新业务需求。众多新兴业务对MEC的需求主要体现在时延、带宽和安全3个方面。MEC充分利用边缘服务器资源,增强了计算服务并降低了应用程序执行延迟,因此关于MEC的相关应用越来越多。图2.2展示了MEC的主要应用场景。

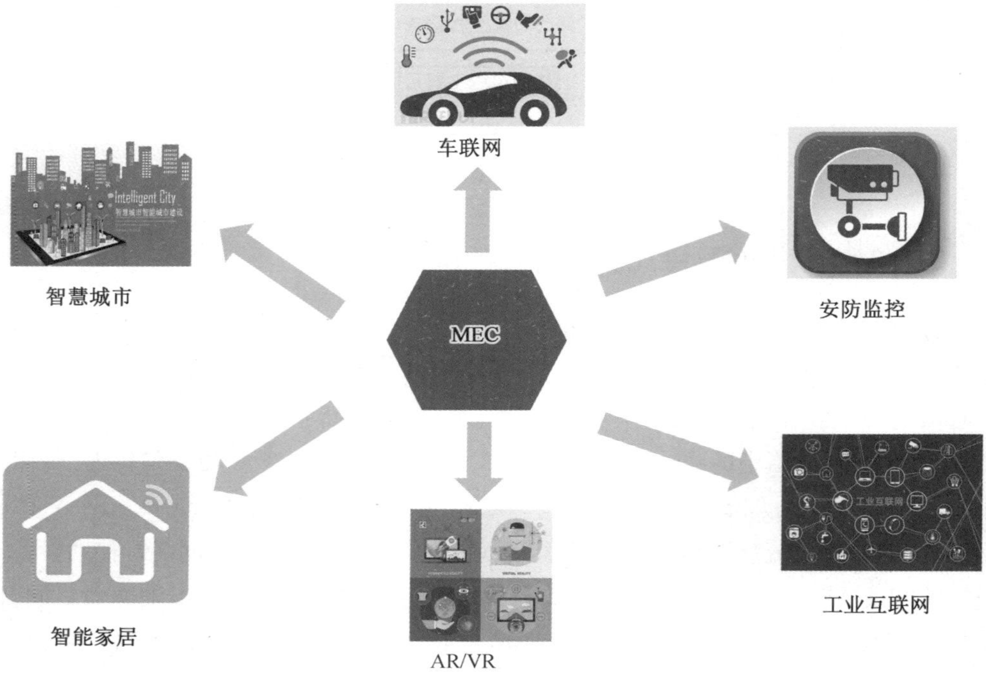

图 2.2　MEC 的主要应用场景

1. 智慧城市

智慧城市是目前各大城市的发展方向,其演进阶段为信息化、数字化、智能化。通过信息化和数字化,遍布城市各处的广义传感器和智能设备的海量数据被结构化并被收集起来。随着MEC的发展,对海量数据不必再上传至云计算中心来处理,而是通过附近的边缘节点对数据进行分析和预处理,及时做出反馈,实现与城市“大脑”轻量级解耦。

2. 车联网

车联网是5G物联网非常重要的应用之一,也是MEC的典型应用场景。随着无人驾驶技术投入使用,一辆汽车每天约产生4 TB的数据。庞大的数据会因为网络延迟而大大降低终端的实时体验性,从而影响自动驾驶的性能。车载系统通常具有计算能力，可以通过 MEC 被纳入云管理，将实时性要求较高的任务下发到附近的车载系统，缩短终端处理时间，增强时效性。

3. 安防监控

视频监控是安防监控系统的重要组成部分，在社区、银行、商城、停车场等公共场合都有安装。随着终端技术的发展，可以在摄像头内部署计算单元，通过引入 MEC 平台，及时有效地处理原始视频流，避免将冗余数据上传到云端。此外，人脸识别应用可对数据进行解析和模型匹配，监管重点观察对象，使终端设备成为主动分析功能与预警功能相结合的安防终端。

4. 工业互联网

随着现代工业的发展，云计算中心与网络边缘融合形成工业互联网。工业互联网的应用主要体现在对工业数据的处理、模型训练和对远程工业设备的控制上。通常具有互联网能力的工业控制系统可以作为 MEC 节点，处理一些实时性要求较高的任务，另外一些实时性要求不高、周期较长的任务可以放在云中心执行，以云中心为“大脑”，带动 MEC 实现工业互联网的智能制造。

5. 增强现实/虚拟现实（AR/VR）

在计算平台强大计算能力的支撑下，AR/VR 突破二维限制进入三维体验，注重人机交互体验。在 MEC 平台下，VR 头显不需要将数据发送到云计算中心处理，而是通过网络发送到就近的基站或者接入点进行处理，降低了任务处理时延，有效提升了用户体验。

6. 智能家居

智能家居系统依赖于物联网中多种传感器技术，从房子周围收集和处理数据，并结合深度学习技术，自适应调整设备以适应周围的环境。目前，智能家居通过云端连接控制终端设备，将导致数据处理不及时，高度依赖云端网络。现有的这种体系结构存在延迟高、安全性低和回程成本高等问题。将 MEC 引入智能家居，首先可以解决设备管理问题；其次，智能设备的请求发送到边缘节点处，可动态规划设备运行策略，实现更高效的家庭智能设备管理。

2.1.3　计算卸载

计算卸载是 MEC 中的一项核心技术，一般是指移动终端通过无线网络将计算密集型任务卸载到计算资源充足的边缘服务器上执行，计算完成后从服务器取回结果的过程。图 2.3 为 MEC 网络中计算卸载的流程图。根据卸载目的不同，计算卸载分为设备层、边缘计算层和云计算层。通常计算层由物联网中数量众多且分布广泛的传感器、移动设备和其他节点组成。由于单个设备的计算和存储资源有限，通常将高可靠、低时延任务卸载到外部或边缘服务器上执行。边缘计算层一般位于距离设备较近的基站或者接入点,可提供中等计算资源和足够的存储空间,边缘服务器响应时间较短,以满足设备应用低时延需求。云计算层一般位于较远的中心网络,计算能力强,存储资源丰富,但任务传输成本和时延较高。

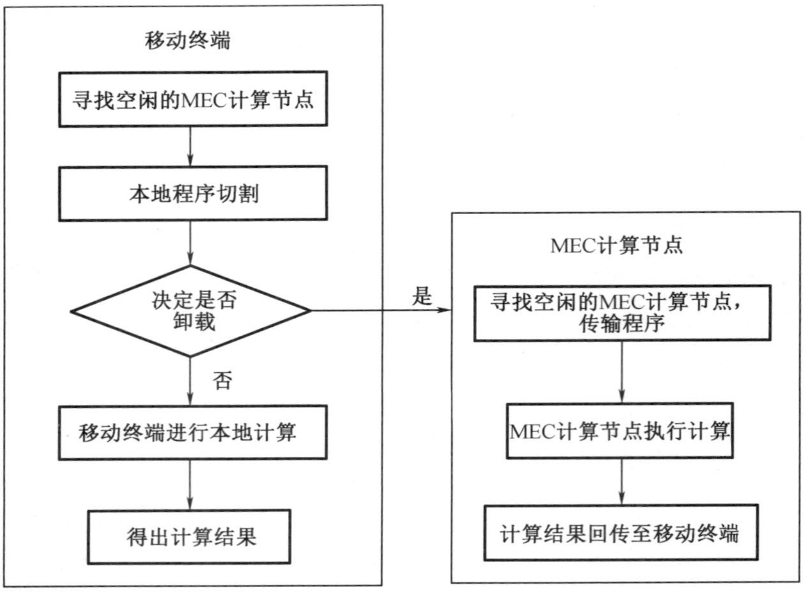

图 2.3　MEC 网络中计算卸载的流程图

计算卸载弥补了单个设备在计算性能和资源存储等方面的不足,一般包括以下几个步骤:

- 节点发现:寻找空闲的 MEC 计算节点,为后续执行卸载的程序做准备;
- 程序切割:在保证程序功能完整性的条件下,合理分割要处理的任务程序;
- 卸载决策:计算卸载中最重要的部分,决定是否进行卸载以及哪些部分被卸载;
- 程序传输:移动终端给出卸载决策后,将规划好的任务卸载到边缘节点执行;
- 执行计算和计算结果回传:采用虚拟机方案,边缘计算节点将卸载到服务器的任务进行计算并将结果回传至移动终端。

虽然计算卸载能降低任务传输和执行的时延,节约本地设备能耗,延长电池寿命,对于推动 5G 网络具有重要意义,但是计算卸载在安全性与隐私性、计算卸载策略和与新兴技术的集成等方面仍面临许多问题和挑战[83]。

1. 安全与隐私性

MEC 是一种集通信与计算于一体的复杂混合技术,包含无线网络、分布式计算及计算服务器的虚拟化,这为恶意攻击提供了多条路径。尤其 MEC 多个组件之间存在复杂的依赖和交互关系，虽然单个组件安全，但多个组件连接时并不能保证 MEC 系统的安全。此外，移动设备与运营商网络之间的连接增加，导致隐私泄露的风险增大。因此，需要采取广泛的安全措施来保证 MEC 系统的安全。

2. 计算卸载策略

计算卸载策略是 MEC 技术的核心，它需要根据周围环境的变化设计合理的卸载策略。工业界和学术界普遍认为合适的卸载策略要能够大幅提升 MEC 网络的性能，因此，设计合理的计算卸载策略是非常必要的。此外，随着物联网的发展，接入网络中的设备数量激增，其中大部分设备需要人工更换电池，既提高了设备成本也增加了人工成本，因此寻找合适的技术，为无线设备持续供能，使计算卸载具有可持续性是非常必要的。

3. 与新兴技术的集成

随着 5G 生态系统的发展，MEC 与其他新兴技术的集成成为一大热点，如能量收集通信技术、IRS 技术、多天线系统等。能量收集通信将能量收集器配置到无线通信设备中，在信号传输中收集能量。IRS 是一种由可编程材料组成的平面，能够通过调节反射相位和幅度，提高信号传输增益，改善无线传播环境。未来 MEC 系统的成功部署取决于其与新技术的融合。

2.2　智能反射面

在目前的无线通信环境中，由于传播信道的不确定性，信号在传播过程中易产生衰落和衰减，严重影响无线网络通信质量。近年来，IRS 作为一种改善无线传播环境的新技术被引入无线通信领域。下面将介绍 IRS 的相关基础知识。

2.2.1　智能反射面的基本结构和工作原理

IRS 是一个由大量无源反射元件组成的平面，其硬件实现基于数字可控的二维材料的“超表面”。图 2.4 为 IRS 结构图，由 3 层结构和智能控制器构成。在最外层，大量金属贴片被贴在电介质衬底上作为反射层，直接与入射信号相互作用。3 层结构的中间层为铜背板层，用于避免入射信号的能量泄漏。最内层是一个控制电路层，负责调整每个元件的反射振幅/相移，由连接到 IRS 的智能控制器触发。在实际应用中，现场可编程门阵列（field-programmable gate array，FPGA）既可以作为控制器，也可以作为网关通过单独的无线链路与网络其他组件进行信息交换。

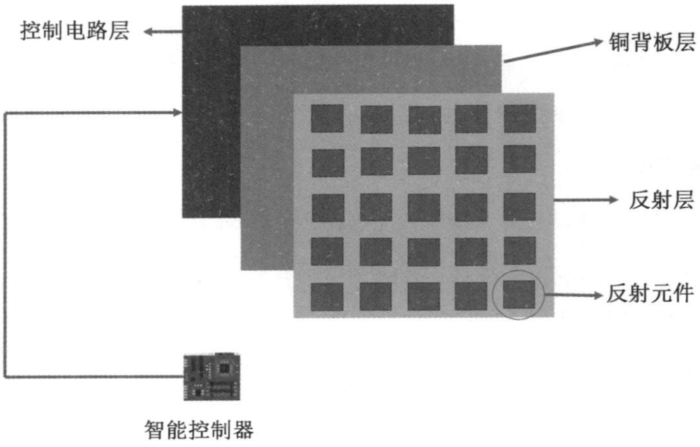

图 2.4　IRS 结构图

图 2.5(a)为 IRS 单个元件结构图,其中,每个元件中嵌入 PIN 二极管。通过直流(direct current,DC)馈线控制偏置电压,PIN 二极管可以在等效电路中显示的“开”和“关”状态之间切换(图 2.5(b)和(c)),从而产生相移。因此,通过智能控制器设置不同的偏置电压,可以实现 IRS 元件的不同相移。此外,为了有效地控制反射振幅,可以在元件设计中采用可变电阻负载[84]。例如,通过改变每个元件中的电阻值,将入射信号的不同部分能量耗散,从而实现[0,1]中的可控反射幅值。

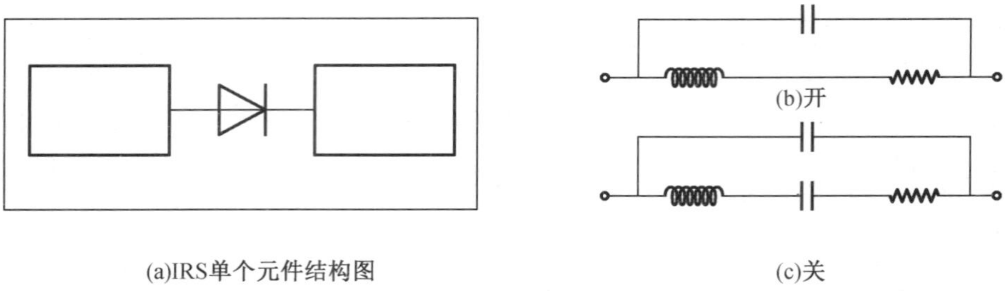

(a)IRS单个元件结构图　　(c)关

图 2.5　基于 PIN 二极管的可调节反射元件及等效电路图

通过在无线通信系统中合理部署 IRS 能够有效改善无线信号的传播环境。IRS 根据网络中其他组件的交互信息,通过智能控制器调节反射系数,控制入射信号的反射和衰减,将其以最理想的波束方式传输到接收机,并智能配置无线传播环境。IRS 辅助无线通信的基本原理为:发射机发送的信号经过 IRS 反射后,组合信号与直接链路信号相互叠加,相干性的目标信号相加,提高波束增益,同时可以与窃听或者干扰信号组合以降低干扰。

2.2.2　智能反射面的信道模型

图 2.6 为 IRS 辅助无线通信基本模型，它包含一个单天线基站，一个具有 N 个反射元件的 IRS 和 K 个移动设备，其中，$n \in N = \{1,2,\cdots,N\}$ ，$k \in K = \{1,2,\cdots,K\}$ 。从基站到移动设备间的链路包含直接链路和 IRS 辅助的级联链路，其中，$h_{d,k}$ 、$\boldsymbol{g} \in \mathbb{C}^{N\times 1}$、$\boldsymbol{h}_{r,k} \in \mathbb{C}^{1\times N}$ 分别表示基站与设备 k 、基站与 *IRS*、*IRS* 与设备 k 之间的信道参数。根据参考文献[53]，这些信道为准静态平坦衰落信道，且能够获得完美的信道状态信息。

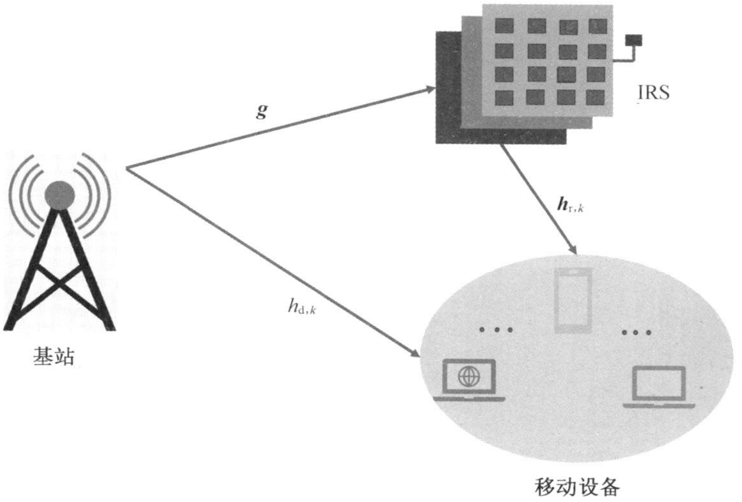

图 2.6　IRS 辅助无线通信基本模型

定义 *IRS* 的反射系数 $\boldsymbol{\theta} = [\theta_1,\theta_2,\cdots,\theta_N]^{\mathrm{T}}$ ，其中，$\theta_n = \beta_n e^{j\varphi_n}(n \in N)$，表示反射元 n 的反射系数；$\beta_n \in [0,1]\ (n \in N)$ ，表示反射幅度系数；$\varphi_n \in [0,2\pi)\ (n \in N)$，表示反射相移参数。因此 $\boldsymbol{\Theta} = \mathrm{diag}(\boldsymbol{\theta})$ ，表示 *IRS* 反射系数矩阵。在 *IRS* 辅助下，用户 k 的接收信号可以表示为

$$y_k = \sqrt{P_t}(h_{d,k} + \boldsymbol{h}_{r,k}\boldsymbol{\Theta g})x + z \tag{2.1}$$

式中，P_t 表示基站的发射功率；$\boldsymbol{g}$ 表示基站与 IRS 之间的信道参数；x 表示发射信号；z 表示高斯噪声[85]。

2.2.3　智能反射面的优势与应用

与有源中继、后向散射通信、大规模 MIMO 等相关技术相比，IRS 具有诸多竞争优势。首先，与通过信号重构和重传的有源中继相比，IRS 使用无源发射方式，仅使用无源阵列反射接收到的信号。此外，有源中继通常采用半双工模式，而 IRS 采用全双工

模式,有利于提高系统频谱效率。其次,与传统的后向散射通信通过调制从读取器发射的反射信号与读取器通信不同,IRS 主要用于改善现有的通信链路,而不发送自身的任何信息。后向散射通信中的读取器要解码标签信息,需要在其接收端实现自干扰消除。相比之下,IRS 辅助通信中,直接链路和辅助链路可以携带相同的有用信息,可以在接收机上相干叠加以提高解码信号强度。最后,IRS 不同于基于有源表面的大规模 MIMO,前者为无源结构被动反射信号,后者为有源结构主动发射信号。基于以上优势,图 2.7 介绍了几种常见的 IRS 典型应用场景[11]。

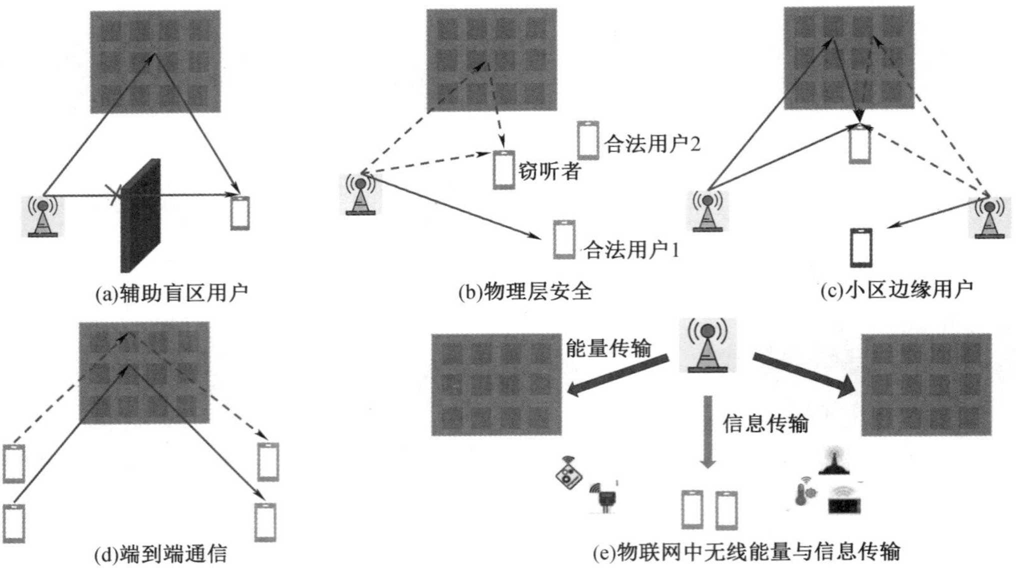

图 2.7　IRS 典型应用场景

第一个场景展示了 IRS 辅助盲区用户通信。用户与基站之间的直接链路被障碍物阻断。在这种情况下,合理部署 IRS,经过 IRS 的反射信号绕过障碍物,建立新的视距链路,可实现用户与基站之间的通信。这对于扩展极易受室内阻塞的毫米波通信的覆盖范围尤其有效。

第二个场景展示了 IRS 在提高物理层安全性方面的应用。窃听者与基站之间的距离小于合法用户与基站之间的距离,或者窃听者与合法用户位于同一方向,即使在基站使用发射波束,用户所能获得的保密通信速率也将高度受限。如果在窃听者周围部署 IRS,通过 IRS 调节反射信号抵消窃听者处来自基站的信号,则将有效减少信息泄露。

在第三个场景中,用户位于小区边缘,距离邻近服务基站较远导致信号衰减严重,距离邻近基站较近造成严重干扰。在小区边缘部署 IRS,不仅可以帮助提高目的信号功率,还可以通过合理设计 IRS 反射波束赋形来抑制干扰,从而在附近创建一个“信号热点”和“无干扰区”。

在第四个场景中，IRS 用于辅助大规模 D2D 通信，其中 IRS 充当信号反射中枢，在缓解干扰的同时支持低功率 D2D 通信。

在第五个场景中，IRS 用于辅助实现物联网中无线设备的信息与功率同传，其中 IRS 反射信号用于补偿由信号长距离传输导致的严重功率损失，提高无线能量传输效率。

2.3　无线携能通信技术

随着我国移动通信和物联网技术的高速发展，各种移动智能终端不断普及，如手机、平板电脑、可穿戴智能设备、传感器等。然而，由于移动设备体积较小，故多采用微型电池供电，这导致电池容量受限，从而限制了移动设备的可持续使用。同时，随着 5G 技术的发展，通信网络未来要实现至少 1 000 亿个设备接入和 1 000 倍（与当前相比）的网络容量，高设备接入量和网络容量将使通信网络的能量消耗呈爆炸式增长。因此，为了高效重复利用能量并克服移动设备能量供应的不可持续性问题，学术界提出了“绿色通信网络”的概念，其中，无线携能通信技术（simultaneous wireless information and power transfer，SWIPT）是实现绿色通信的关键技术之一，并受到研究者的广泛关注。

2.3.1　无线携能通信

无线携能通信系统以射频信号为载体，其系统及传输方式如图 2.8 所示。该系统通常由能量发送源、信息发送源和用户节点组成。其传输方式分为 3 种：无线信息传输（wireless information transfer，WIT）、无线能量传输（wireless power transfer，WPT）和无线能量与信息同时传输（simultaneous wireless information and power transfer，SWIPT），且 3 种方式可切换。

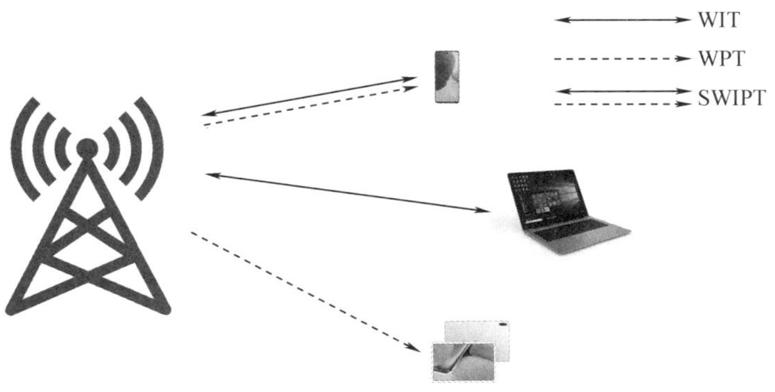

图 2.8　无线携能通信系统及传输方式

2.3.2 无线能量传输技术

根据功率传输原理的不同,无线供电技术可以分为4类:第一类采用电磁感应原理非接触充电;第二类采用电磁耦合共振方式充电;第三类采用微波辐射方式充电;第四类采用激光辐射方式充电。其中,前两类适合短距离传输,属于无辐射无线能量传输技术;后两类适合长距离传输,属于辐射无线能量传输技术。

本书主要采用微波辐射式WPT模型作为研究系统的能量传输模型,其传输如图2.9所示。微波功率发送器发送电磁波,电磁波经过低通滤波器和直流滤波器处理后转换为直流电,并为负载供电。微波辐射式WPT的传输距离可达几千米,且具有信息与能量同传的优点。

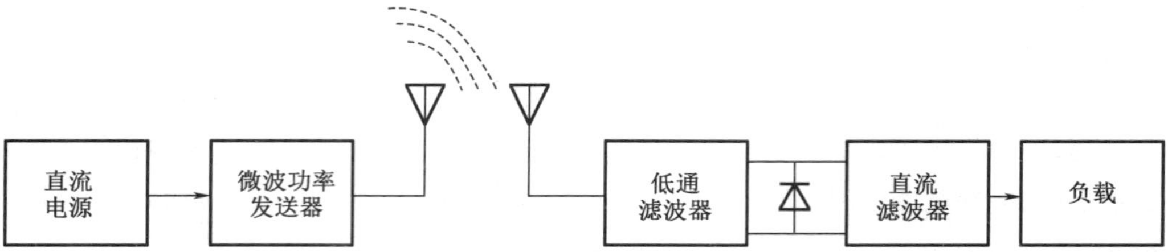

图2.9 微波辐射式WPT模型传输示意图

通常射频信号的波长、能量发射源的发射功率、发射源与用户之间的距离以及信道决定了无线能量传输过程中的能量收集能力。用户收集的能量E_r可以表示为

$$E_r = 10^{\left(\frac{L}{10}\right)} P_r n^2 \tag{2.2}$$

式中,L表示路径损失;P_r表示用户在自由空间传播路径下的接收功率;n表示服从高斯分布的随机噪声[33]。此外,也可以使用信道增益来表示收集能量,即$E_r = P_t |h|^2$,其中,h表示发射源与用户之间的信道增益;P_t表示发射源的发射功率。

为了有效收集能量,无线携能通信用户设备不同于普通设备,除了具有存储器、微处理器、电源等常规模块,还需配置能量收集模块和信号控制与收发模块。其中,能量收集模块一般包含运算放大器、电容以及阻抗匹配器,将输入的射频信号转化为电能。信号控制与收发模块包含天线、调制解调器、信息处理器和功能控制器等模块,控制射频信号的收发、处理、用途等。常见信号控制分为两类:时隙分配型和功率分配型。时隙分配型和功率分配型用户都可以使用相同的天线收发信息或收集能量,因此,可以使用相同的信道模型研究问题。本书的研究侧重于多用户的时隙分配问题,故在后续研究中采用时隙分配型结构。时隙分配型结构包含一个二元开关,用户在单一时刻只允许工作在能量收集状态或者信息处理状态中的一种状态。当用户工作在能量收集状态时,其收集的能量可表示为

$$E_r = \eta P_t |h|^2 \tag{2.3}$$

式中，η 表示能量收集效率。当用户处于信息接收与发送状态时，最大信息传输速率可表示为

$$R_r = W\log_2\left(1 + \frac{P_t |h|^2}{\sigma^2}\right) \tag{2.4}$$

式中，W 表示带宽；σ^2 表示噪声功率。

2.4　相关优化理论

凸优化在数学规划领域中具有十分重要的地位。一个实际问题一旦被表示为凸优化问题，就意味着该问题被彻底解决。基于该优势，可将凸优化方法应用于通信领域，解决复杂的通信问题。下面主要介绍本书中用到的优化理论中的相关基础知识和方法。

2.4.1　凸优化问题

凸优化问题是凸函数在凸集可行域上的最优化问题。下面先介绍什么是凸集和凸函数。

对于集合 C，如果 C 中任意两点间的线段仍在 C 中，即对于 $\forall x_1, x_2 \in C$ 和 $0 \leqslant \theta \leqslant 1$ 都有 $\theta x_1 + (1-\theta) x_2 \in C$，则 C 被称为凸集[86]。简单来说，如果集合中的每一点都可以被其他点沿着它们之间一条无阻碍的路径看见，那么这个集合就是凸集。对于定义在 $\mathbb{R}^n \to \mathbb{R}$ 上的函数 f，如果定义域 $\mathrm{dom}\, f$ 是凸集，且对于定义域中 $\forall x, y \in \mathrm{dom}\, f$ 和任意常数 $0 \leqslant \theta \leqslant 1$ 有 $f[\theta x + (1-\theta) y] \leqslant \theta f(x) + (1-\theta) f(y)$，则函数 f 为凸函数。

若在开集 $\mathrm{dom}\, f$ 内函数 f 的梯度 ∇f 处处存在，则函数 f 是凸函数的充要条件是 $\mathrm{dom}\, f$ 是凸集且对于 $\forall x, y \in \mathrm{dom}\, f$，不等式 $f(y) \geqslant f(x) + \nabla f(x)^{\mathrm{T}}(y - x)$ 成立。

假设函数 f 二阶可微，即对于开集 $\mathrm{dom}\, f$ 内的任意一点，它的 Hessian 矩阵存在或者二阶导数 $\nabla^2 f$ 存在，则函数 f 是凸函数的充要条件是其 Hessian 矩阵是半正定的，即对于 $\forall x \in \mathrm{dom}\, f$ 有 $\nabla^2 f(x) \geqslant 0$。

凸优化问题是形如

$$\begin{aligned} &\min f_0(x) \\ &\text{s.t.}\ f_i(x) \leqslant 0, i = 1, \cdots, m \\ &\quad\ \ h_j(x) = 0, j = 1, \cdots, n \end{aligned} \tag{2.5}$$

的问题。式中，$f_0, \cdots, f_m$ 为凸函数且 $h_j(x)$ 是放射函数。

目前凸优化理论发展成熟，当某问题能够转化为凸问题时，即认为该问题可解，且凸问题的局部最优解就是全局最优解。凸优化扩展性强，许多问题的关键在于将问题抽象为凸问题。在实际应用中，很多非凸问题通过一定的手段可以转化为凸问题，如拉格朗日对偶问题、几何规划问题、半正定规划问题等。

利用凸问题的局部最优解即全局最优解的特性，凸优化问题的求解过程一般可以概括为：首先寻找一个点列，在该点列上目标函数持续下降，当目标函数获得最小值或者达到收敛条件时结束。即假设 x_i、d_i、η_i 分别表示第 i 次的迭代值、搜索方向和搜索步长，则第 i 次迭代中 $x_{i+1} = x_i + \eta_i d_i$，其中，搜索方向应满足以下条件：

$$\nabla f(x)^{\mathrm{T}} d_i \leqslant 0 \tag{2.6}$$

$$f(x_{i+1}) = f(x_i + \eta_i d_i) < f(x_i) \tag{2.7}$$

2.4.2　块坐标下降算法

坐标下降法是一种非梯度迭代优化方法，用于解决多变量耦合优化问题。不同于梯度下降法，坐标下降法在每次迭代过程中沿着单个维度进行搜索，当得到当前维度的最小值后再循环使用不同的维度方向进行搜索，最终收敛得到最优解。每次进行单个维度搜索时，固定其他变量作为常量，则目标函数就可以看作当前搜索变量的函数，在该函数上进行线性搜索。例如，二元函数 $f(x,y) = x\mathrm{e}^{-x^2-y^2}$，采用块坐标下降法寻找它的最大值，其优化过程如图 2.10 所示。深色线段代表搜索过程，随着算法对 x、y 进行交替优化，目标函数不断接近最大值。

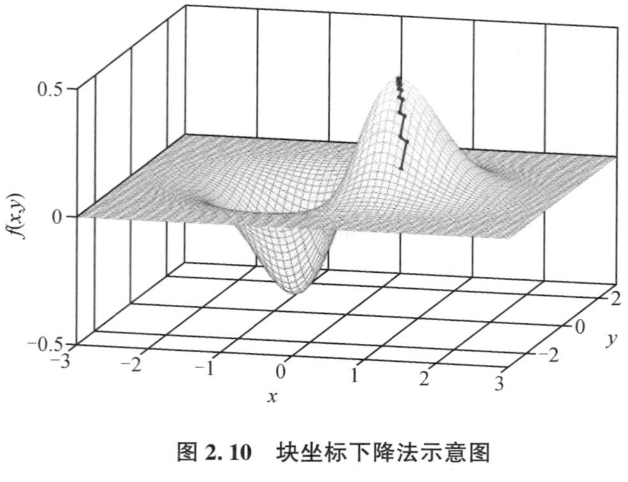

图 2.10　块坐标下降法示意图

块坐标下降法是坐标下降法的一般形式，通过对变量的子集进行同时优化，把原优化问题分解为多个子问题。例如，考虑多变量优化问题：

$$\min_{x} F(x_1,\cdots,x_n)=f(x_1,\cdots,x_n)+\sum_{i=1}^{n} h_i(x_i) \tag{2.8}$$

式中,优化变量 x 被分成 $x_1,x_2,\cdots,x_n$ 块;f 是可微的分块多凸函数;可行域 x 是 $\mathbb{R}^n$ 上的封闭分块多凸子集;$h_i(x_i)$ $(i=1,\cdots,n)$ 是凸函数。块坐标下降法的通用算法框架如表 2.2 所示。

表 2.2　块坐标下降法的通用算法框架

算法 2.1　块坐标下降法
1. 初始化变量块 $(x_1^0,\cdots,x_n^0)$
2. 迭代 $j=1,2,\cdots$
3. 迭代 $i=1,2,\cdots,n$
4. 固定其他块,更新 x_i^j
5. 达到标准结束迭代,返回 $(x_1,x_2,\cdots,x_n)$

在更新过程中,每块 x_n^j 都采用以下 3 种方式之一进行更新:

$$x_n^j=\arg\min_{x_n\in\mathcal{X}_n^j} f_n^j(x_n)+h_n(x_n) \tag{2.9}$$

$$x_n^j=\arg\min_{x_n\in\mathcal{X}_n^j} f_n^j(x_n)+h_n(x_n)+\frac{L_n^{j-1}}{2}\|x_n-x_n^{j-1}\|^2 \tag{2.10}$$

$$x_n^j=\arg\min_{x_n\in\mathcal{X}_n^j}\langle g_n^j,x_n-\hat{x}_n^{j-1}\rangle f_n^j(x_n)+h_n(x_n)+\frac{L_n^{j-1}}{2}\|x_n-\hat{x}_n^{j-1}\|^2 \tag{2.11}$$

式中, $\|\cdot\|$ 表示欧式范数; $L_i^{j-1}\geqslant 0$; $\hat{g}_i^j=\nabla F_i^j(\hat{x}_i^{j-1})$,表示目标函数在块 $\hat{x}_i^{j-1}$ 上的梯度。

$$\mathcal{X}_i^j=\mathcal{X}_i(x_1^j,\cdots x_{i-1}^j,x_{i+1}^j,\cdots,x_n^j) \tag{2.12}$$

$$\hat{x}_i^{j-1}=x_i^{j-1}+\omega_i^{j-1}(x_i^{j-1}-x_i^{j-2}) \tag{2.13}$$

式中, $\hat{x}_i^{j-1}$ 表示一个外推点; ω_i^{j-1} 表示非负外推权重。这 3 种更新方式会生成不同的更新序列,导致块坐标下降法收敛于不同的解。基于大量计算发现,前两种更新方式通常更耗时,第 3 种更新方式将会获得目标函数更小的解,可能是由于局部线性逼近有利于避免陷入某些局部极小点。

2.4.3　连续凸近似算法

在实际应用中,许多优化问题往往是非凸的且无法直接求解。连续凸近似算法是一种处理非凸优化问题的处理方法,广泛用于处理各种非凸问题,其核心思想是将非凸优化问题近似为一系列更易于处理的凸问题,从而得到原问题的近似解[87,90]。

如图 2.11 所示，假设 $x^{(n)}$ 为第 n 次迭代子问题的解，$f[x^{(n)}]$ 为 $x^{(n)}$ 对应原问题目标函数的值。在第 $n+1$ 次迭代时，根据上次迭代的解 $x^{(n)}$ 构造原目标函数的凸近似函数，表示为 $\tilde{f}[x \mid x^{(n)}]$，并根据新的目标函数构造凸近似问题求解。为了成功求解原优化问题，近似函数需满足以下 4 个要求：近似函数为连续函数；近似函数与原函数在近似点的值相等；近似函数和原函数在近似点的一阶导数（方向导数）相同；近似函数为凸函数。为了提高算法的求解效率，近似函数除了要满足以上 4 个要求外，还需要比原目标函数易于求解。图 2.11 中目标函数 $f(x)$ 存在多个极值点：全局最优值 a 和局部最优值 b、c。在连续凸近似算法中，选取不同的初始点位置将会获得不同的解。假如初始点位于区域 1，则获得全局最优值 a；同理，假如初始点位于区域 2 或区域 3，则获得局部最优值 b 或 c。因此，在使用连续凸近似算法求解优化问题时，应合理设置初始值。

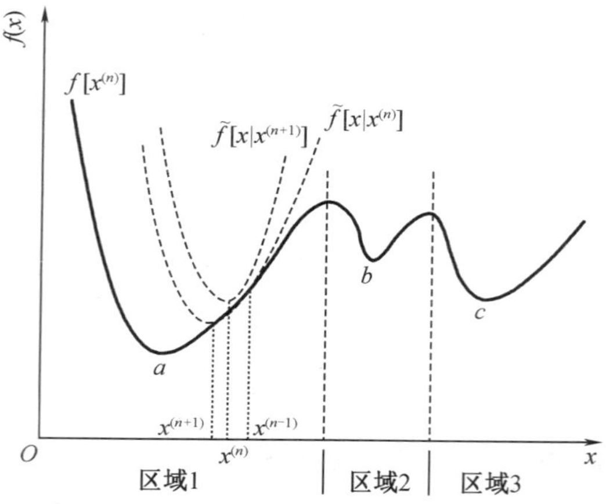

图 2.11　连续凸近似示意图

2.4.4　拉格朗日对偶法

当优化问题约束很多且直接求解困难时，可以考虑将原优化问题转化为它的对偶问题，消除约束；或者当原优化问题目标函数非凸时，利用对偶法可以求出原优化问题目标函数的下界。考虑如下标准形式的优化问题：

$$\begin{aligned} &\min f_0(x) \\ &\text{s.t. } f_i(x) \leqslant 0, i=1,2,\cdots,m \\ &\quad\ h_i(x)=0, i=1,2,\cdots,p \end{aligned} \tag{2.14}$$

式中，$x \in \mathbb{R}^n$；定义域 D 是函数 $f_i(x)$ $(i=0,1,\cdots,m)$、$h_i(x)$ $(i=1,\cdots,p)$ 定义域交集的非空集合；优化问题的最优解为 p^*，且并未假设上述问题为凸问题。拉格朗日对

偶法的基本思想是将约束条件考虑到目标函数中,即在目标函数中添加约束条件的加权和,得到增广的目标函数。上述问题的拉格朗日函数的定义为

$$L(x,\boldsymbol{\lambda},\boldsymbol{u}) = f_0(x) + \sum_{i=1}^{m} \lambda_i f_i(x) + \sum_{i=1}^{p} \mu_i h_i(x) \tag{2.15}$$

式中,定义域为 $\mathrm{dom}\ L = D \times \mathbb{R}^m \times \mathbb{R}^p$;$\lambda_i$ 、μ_i 分别称为第 i 个不等式约束 $f_i(x) \leqslant 0$ 和等式约束 $h_i(x) = 0$ 对应的拉格朗日乘子;向量 $\boldsymbol{\lambda}$、$\boldsymbol{\mu}$ 称为对偶向量或拉格朗日乘子向量。

定义拉格朗日对偶函数 $g:\mathbb{R}^m \times \mathbb{R}^p \to \mathbb{R}$ 为拉格朗日函数关于 x 的最小值,即对 $\boldsymbol{\lambda} \in \mathbb{R}^n, \boldsymbol{\mu} \in \mathbb{R}^p$ 有

$$g(\boldsymbol{\lambda},\boldsymbol{\mu}) = \inf_{x \in D} L(x,\boldsymbol{\lambda},\boldsymbol{\mu}) = \inf_{x \in D} \left[f_0(x) + \sum_{i=1}^{m} \lambda_i f_i(x) + \sum_{i=1}^{p} \mu_i h_i(x) \right] \tag{2.16}$$

如果拉格朗日函数关于 x 无下界,则对偶函数取值为 $-\infty$。因为对偶函数是一簇关于 $(\boldsymbol{\lambda},\boldsymbol{\mu})$ 的放射函数的逐点下确界,所以即使原始优化问题不是凸的,对偶函数也是凹函数[86]。

假设函数 $f_0,\cdots,f_m$、$h_1,\cdots,h_p$ 可微,但并不假设这些函数是凸函数,令 x^* 和 $(\boldsymbol{\lambda}^*,\boldsymbol{\mu}^*)$ 是原问题和对偶问题的某对最优解,则应满足以下条件:

$$f_i(x^*) \leqslant 0, i=1,\cdots,m \tag{2.17}$$

$$h_i(x^*) = 0, i=1,\cdots,p \tag{2.18}$$

$$\lambda_i^* \geqslant 0, i=1,\cdots,m \tag{2.19}$$

$$\lambda_i^* f_i(x^*) = 0, i=1,\cdots,m \tag{2.20}$$

$$\nabla f_0(x^*) + \sum_{i=1}^{m} \lambda_i^* \nabla f_i(x^*) + \sum_{i=1}^{p} \mu_i^* \nabla h_i(x^*) = 0 \tag{2.21}$$

上述条件为约束优化问题的一阶最优性条件,即 Karush-Kuhn-Tucker(KKT)条件。对于目标函数和约束函数可微的任意优化问题,若强对偶性成立,则任何一对原问题最优解和对偶问题最优解必须满足 KKT 条件。原问题为凸问题时,对偶间隙为 0。

2.5 本章小结

本章首先从边缘计算系统架构、优势和应用场景、计算卸载 3 个方面介绍了移动边缘计算基础理论。其次,介绍了 IRS 的基本结构和工作原理、信道模型、优势与应用。再次,介绍了无线携能通信和无线能量传输技术。最后,介绍了本书相关优化理论,如凸优化问题、块坐标下降法、连续凸近似算法和拉格朗日对偶法。

第3章　物联网中深度学习边缘计算和通信资源分配

本章研究了基于无监督深度学习方法的边缘计算卸载问题。首先,基于二元计算卸载模型提出了无监督深度学习计算卸载框架,将传统约束优化问题转化为无约束深度学习问题。其次,由于二元卸载决策导致反向传播过程中出现了梯度消失问题,因此设计了一种联合训练网络,交替训练教师网络和学生网络,使学生网络获得无损失的梯度信息,有效解决了梯度消失问题,提高了 MEC 网络的性能。

3.1　本章概述

随着物联网的迅猛发展,移动设备和数据流量呈爆炸式增长,同时涌现出大量计算密集型和延迟敏感型应用,如语音识别、语言处理、在线游戏、虚拟现实增强等。由于电池容量和计算能力的局限性,移动设备在执行计算密集型或延迟敏感型任务时面对很大的挑战。为了解决这一问题,ETSI 提出了 MEC 技术。MEC 是一种新型的网络接入技术,通过在移动设备附近的接入点部署小型边缘服务器,减少任务卸载延迟,降低移动设备能耗[91]。

学术界和工业界普遍认为,MEC 的效率很大程度上取决于卸载决策[15]。此外,合理的资源分配对于提高 MEC 的性能也很重要[16-17]。因此,联合优化卸载决策和资源分配有利于改善 MEC 网络的性能。然而,大多数联合优化问题通常是 NP 困难问题(NP-hard 问题)[35],由于其非凸性,文献中使用的常规方法多为穷举搜索法或者近似问题的迭代优化法[18,32,92-94]。这些方法存在复杂性高和收敛慢等问题,可能会阻碍其实际应用。此外,这些问题的计算复杂度将随变量数量的增加而呈指数增长,而且不断增长的复杂性可能导致方法不可行。

在 MEC 网络中,计算卸载问题一般分为两类:一是部分卸载,即任务可以被任意剪裁并卸载到边缘服务器上执行;二是二元卸载,即任务不能被剪裁,只能全部在本地执行或者被卸载到边缘服务器上执行。但是,部分卸载需要计算每个任务组件的计算成本,这增加了计算资源和能量储备的额外工作量[95]。与部分卸载相比,二元卸载更适合处理不可分割的原子任务,在实践中更容易实现。然而,二元卸载问题多为混合整数规划问题,传统算法求解复杂度高。

近年来,机器学习方法已经广泛应用于许多领域,如计算机视觉、自然语言处理等。与传统的机器学习相比,深度学习的性能进一步提升并取得了优秀的成果[96-99]。一些研究表明,它还可以用于处理复杂的通信问题,如信道预编码、功率控制和信道估计等问题[100-104]。因此,本章尝试采用深度学习的方法解决二元卸载问题。

表 3.1 对比了数学分析方法、有监督深度学习和无监督深度学习。Li 等[105-107]提出采用深度学习方法解决 MEC 网络中的资源分配问题。然而,大多数基于深度学习的方法都是有监督深度学习,但具有合适标签的训练数据集难以获得。大量的研究工作很少采用基于无监督深度学习的方法来解决二元计算卸载问题。同时,关于使用深度学习的方法解决混合整数规划问题的文献较少。因此,设计一种基于无监督深度学习的方法,使用无标签的数据集进行训练,使训练后的模型可以以较快的计算速度解决卸载问题,将该方法用于多用户 MEC 网络中的智能卸载决策是有意义的。

表 3.1　数学分析方法、有监督深度学习和无监督深度学习对比

方法	参考文献	对比
数学分析方法 (C-SSCA)	[28]	(1)高复杂性。 (2)高延迟
有监督深度学习	[106]	(1)需要带标签的数据集;数据集难以通过传统的数学分析方法获取。 (2)低延迟;使用训练好的模型;计算速度快
无监督深度学习	本书	(1)不需要带标签的数据集。 (2)低延迟;使用训练好的模型;计算速度快

为了应对 MEC 网络中原子问题的计算卸载和资源分配问题,本章研究了一种基于无监督深度学习的二元计算卸载问题。本章所做的主要工作如下:

(1)在考虑延迟约束、发射功率约束和能耗的前提下,联合优化卸载决策和资源分配,将多用户二元计算卸载加权能耗和最小化问题建模为混合整数规划问题。

(2)提出了基于无监督深度学习求解混合整数规划问题的方法,设计了一种神经网络(deep neural networks, DNN)联合训练机制,解决深度学习过程中的二梯度消失问题。

(3)进行数值仿真,验证设计的深度学习边缘计算模型的有效性。

3.2 边缘计算系统模型

3.2.1 网络模型

图 3.1 为多用户移动边缘计算卸载模型,该模型包含 K 个具有计算密集型任务的单天线移动设备和一个配备边缘云服务器的单天线基站。对于 K 个移动设备,每个时隙 T(单位为 s)包含两个阶段:一是本地计算或卸载;二是云计算,并将计算结果从边缘云服务器返回到移动设备端。在每个时隙内,K 个移动设备的计算密集型任务可以由移动设备的 CPU 本地执行,或者通过时分多址(time division multiple address, TDMA)卸载到边缘服务器上来远程执行。同时,假设任务是原子的,由于彼此之间的强烈依赖而不能进一步分割,换句话说,任务要么在本地执行,要么被完全卸载到边缘服务器上执行,因此,为了使基站能够选择需要卸载任务的移动设备并向该移动设备分配时隙和发射功率,假设基站掌握所有移动设备的信道状态信息(channel state information, CSI)、计算每比特任务的能耗和任务数据的大小,且信道在一个时隙内保持不变。

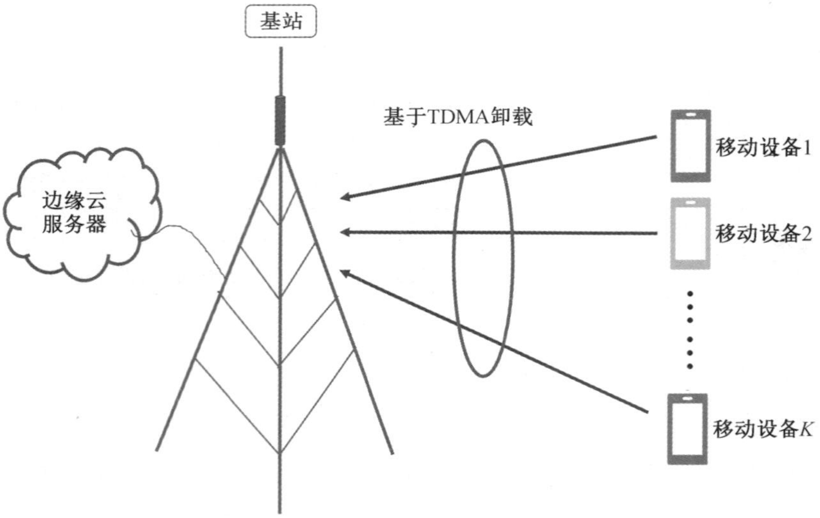

图 3.1 多用户移动边缘计算卸载模型

3.2.2 本地计算模型

这里讨论了二元计算卸载 MEC 网络的本地计算模型。首先,根据 $p = \varepsilon f^3$ 对计算能量消耗进行建模。其中，ε 为常数，由芯片结构决定；f 为 CPU 的计算速度，即每秒循环的圈数[108]。令 B_k 和 C_k 分别表示移动设备 $k(k=1,2,\cdots,K)$ 的任务数据的大小和处理每比特数据对 CPU 循环的圈数。假设每个移动设备的 C_k 和 f_k 保持不变，不同设备之间可能不同。假设所有任务不可剪裁，使用 $a_k \in \{0,1\}$ 表示二元卸载决策，如果 $a_k=1$，移动设备 k 将其全部任务卸载到边缘服务器上执行，否则 $a_k=0$，所有任务由移动设备在本地执行。因此，对于移动设备 k，处理 B_k（单位为 KB）任务需要的 CPU 循环圈数为 $(1-a_k)C_kB_k$，并且本地计算消耗的时间 $t_{k,l}$ 可以表示为

$$t_{k,l}=\frac{(1-a_k)C_kB_k}{f_k} \tag{3.1}$$

令 $E_{\mathrm{loc},k}$ 表示移动设备 k 本地计算的能耗，其表达式为

$$E_{\mathrm{loc},k}=p_{k,l}t_{k,l}=\varepsilon(1-a_k)B_kC_kf_k^2 \tag{3.2}$$

式中，$p_{k,l}$ 表示移动设备 k 本地计算的功率消耗。

3.2.3 计算卸载模型

下面讨论 MEC 网络中移动设备的计算卸载过程的建模。计算卸载包括 3 个阶段：一是上行链路任务卸载（即移动用户通过 TDMA 将计算任务卸载到边缘服务器上）；二是卸载任务在边缘服务器上执行；三是返回计算结果。

假设边缘服务器具有无限容量，并且计算任务可以并行运行。边缘服务器的执行延迟非常小，并且计算结果与卸载任务相比较小，结果获取时延远小于上行链路任务卸载时延。与上行链路任务卸载相比，假设边缘执行与结果获取的时延和能耗忽略不计[33]。因此，若不考虑上述两个阶段的资源分配，则移动设备 k 的上行链路卸载速率 r_k 可以表示为

$$r_k=W\log\left(1+\frac{p_kh_k^2}{N_0}\right) \tag{3.3}$$

式中，p_k 和 h_k 分别表示移动设备 k 的发射功率和信道参数；N_0 为复高斯信道白噪声的方差；W 表示系统带宽。

移动设备 k 卸载任务所需要的时间表示为

$$t_k' \overset{\mathrm{d}}{=} \frac{a_kB_k}{r_k}=\frac{a_kB_k}{W\log\left(1+\frac{p_kh_k^2}{N_0}\right)} \tag{3.4}$$

若将分配给移动设备 k 的时隙部分表示为 t_k，则 t_k' 需要不大于 t_k 以确保卸载过程的完成。基于以上描述，移动设备 k 的计算卸载能耗 $E_{\mathrm{off},k}$ 可以表示为

$$E_{\mathrm{off},k}=p_kt_k' \tag{3.5}$$

3.3 加权能耗和最小化问题构建

在满足时延和发射功率约束的条件下,通过联合优化二元卸载决策 a 、发射时隙分配 t 和发射功率 p ,使 K 个移动设备的加权能耗和最小。根据上述本地计算模型和卸载模型,相应的优化问题可以表示为

$$
\begin{aligned}
\text{P3.0}: & \min_{a_k, p_k, t_k} \sum_{k=1}^{K} \beta_k [\varepsilon(1-a_k) B_k C_k f_k^2 + p_k t_k] \\
\text{s.t. } C1: & \sum_{k=1}^{K} t_k \leqslant T \\
C2: & C_k B_k (1-a_k) \leqslant f_k T, k=1,2,\cdots,K \\
C3: & 0 \leqslant p_k \leqslant p_{\max}, k=1,2,\cdots,K \\
C4: & a_k \in \{0,1\}, k=1,2,\cdots,K \\
C5: & t_k' \leqslant t_k, k=1,2,\cdots,K
\end{aligned}
\tag{3.6}
$$

式中,β_k 表示确保移动设备公平性的正的权重因子;$p_{\max}$ 表示移动设备的最大发射功率; $C1$ 表示时隙分配约束; $C2$ 表示本地计算的延迟约束; $C3$ 表示每个移动设备的最大发射功率约束; $C4$ 约束二元卸载决策,任务不能剪裁,只能在本地执行或被卸载到边缘服务器上执行; $C5$ 确保移动设备的任务能在规定时间内完成卸载。可以看出,问题 P3. 0 是 NP-hard 问题的混合整数规划问题。由于其非凸性,传统的数学方法很难直接求解该混合整数规划问题[109]。

3.4 深度学习问题求解及算法设计

为了解决 NP-hard 问题 P3. 0,采用基于无监督深度学习的 DNN 模型,实现从信道增益到卸载决策和资源分配的映射。本节详细描述了二元计算卸载方案,包括全连接层神经网络(fully connected network,FCN)的基本操作细节、提出的基于深度学习的优化问题以及与辅助网络联合的训练机制。

3.4.1 深度学习模型

图 3. 2 为全连接层神经网络结构图。接下来,简单介绍全连接层网络的结构和原理。本书使用的全连接层网络由 1 个输入层、2 个隐藏层和 1 个输出层构成[110]。将 K 个移动设备的信道参数 $\boldsymbol{h}$ 作为全连接层网络的输入层,将优化变量 $\boldsymbol{a}$、$\boldsymbol{p}$、$\boldsymbol{t}$ 分别作为

全连接层网络的输出层。令 $l_i(i=1,2)$ 表示第 i 层的节点数,则第 i 个隐藏层的输出计算如下:

$$\boldsymbol{x}_i = \mathrm{ReLU}[\mathrm{BN}(\boldsymbol{W}_i\boldsymbol{x}_{i-1} + \boldsymbol{b}_i)] \tag{3.7}$$

式中,$\boldsymbol{x}_i$ 和 $\boldsymbol{x}_{i-1}$ 分别代表当前层和上一层的输出向量,它们的维度分别为 $l_i \times 1$ 和 $l_{i-1} \times 1$;ReLU 是修正线性单元函数 $[\max(x,0)]$;BN 表示批归一化。

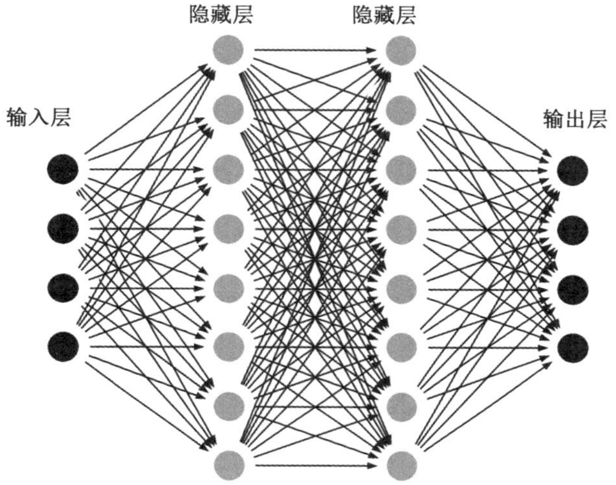

图 3.2　全连接层网络结构图

选取 *sigmoid* 函数作为最后的激活函数,其计算如下:

$$\boldsymbol{x}_i = \mathrm{sig}(\boldsymbol{W}_i\boldsymbol{x}_{i-1} + \boldsymbol{b}_i) \tag{3.8}$$

其中,*sigmoid* 函数表示为

$$\mathrm{sig}(x) = \frac{1}{1+\exp(-x)} \tag{3.9}$$

相应地,全连接层网络的输出可以写成如下参数化模型:

$$\boldsymbol{x}_o = \boldsymbol{x}_i = \vartheta(\boldsymbol{h},\boldsymbol{\theta}) \tag{3.10}$$

式中,$\boldsymbol{h}$ 表示信道参数;$\boldsymbol{\theta}$ 表示网络参数集合 $\{\boldsymbol{W},\boldsymbol{b}\}$;$\vartheta()$ 表示参数化函数[111]。

3.4.2　构建基于深度学习的优化问题

由于标准的深度学习问题是无约束问题,因此用于解决深度学习问题的方法不能直接用于处理具有复杂约束的移动边缘计算卸载(mobile edge computing offloading, MECO)问题 P3.0[112]。通常将自定义的激活层作为输出层或在目标函数中添加附加项作为 DNN 损失函数来消除问题中的约束。本章将通过自定义激活层和在损失函数中添加惩罚项来将原优化问题 P3.0 转化为无约束的深度学习问题。

用于处理优化问题 P3.0 的 DNN 由 3 个并联的全连接层神经网络构成,移动设备的信道参数为该网络的输入,输出为优化问题 P3.0 的解,即卸载决策 $\boldsymbol{a}$、时隙分配 $\boldsymbol{t}$ 和发射功率 $\boldsymbol{p}$。根据式(3.10),采用近似通用的参数化方法来参数化卸载决策和资源分配函数:

$$\begin{aligned} \boldsymbol{a} &= \vartheta_a(\boldsymbol{h},\boldsymbol{\theta}) \\ \boldsymbol{t} &= \vartheta_t(\boldsymbol{h},\boldsymbol{\theta}) \\ \boldsymbol{p} &= \vartheta_p(\boldsymbol{h},\boldsymbol{\theta}) \end{aligned} \tag{3.11}$$

式中,$\boldsymbol{h}$ 表示输入的移动设备信道参数;$\boldsymbol{\theta}$ 表示网络参数[111]。根据上述参数化函数,优化问题 P3.0 可以转化为如下形式:

$$\begin{aligned} &\text{P3.1}: \min_{\boldsymbol{\theta}} \sum_{k=1}^{K} \beta_k \{\vartheta_p^k(\boldsymbol{h},\boldsymbol{\theta})\,\vartheta_t^k(\boldsymbol{h},\boldsymbol{\theta}) + \varepsilon[1-\vartheta_a(\boldsymbol{h},\boldsymbol{\theta})]B_k C_k f_k^2\} \\ &\text{s.t. } C1: \sum_{k=1}^{K} \vartheta_t^k(\boldsymbol{h},\boldsymbol{\theta}) \leqslant T \\ &\qquad C2: \frac{[1-\vartheta_a^k(\boldsymbol{h},\boldsymbol{\theta})]C_k B_k}{f_k} \leqslant T, k=1,2,\cdots,K \\ &\qquad C3: 0 \leqslant \vartheta_p^k(\boldsymbol{h},\boldsymbol{\theta}) \leqslant p_{\max}, k=1,2,\cdots,K \\ &\qquad C4: \vartheta_a^k(\boldsymbol{h},\boldsymbol{\theta}) \in \{0,1\}, k=1,2,\cdots,K \\ &\qquad C5: t_k' \leqslant \vartheta_t^k(\boldsymbol{h},\boldsymbol{\theta}), k=1,2,\cdots,K \end{aligned} \tag{3.12}$$

式中,$a_k=\vartheta_a^k(\boldsymbol{h},\boldsymbol{\theta})$、$p_k=\vartheta_p^k(\boldsymbol{h},\boldsymbol{\theta})$、$t_k=\vartheta_t^k(\boldsymbol{h},\boldsymbol{\theta})$ 分别表示二元卸载决策、发射功率和时隙分配。虽然问题 P3.1 不是凸问题,但是根据文献[90]中的定理 1,对于近似通用参数化方法,最优性的损失较小。

为了满足卸载决策 $\boldsymbol{a}$、发射功率 $\boldsymbol{p}$ 和时隙分配 $\boldsymbol{t}$ 的约束,将自定义的激活层作为全连接层神经网络的最后一层,并且将式(3.10)中的 $\boldsymbol{x}_o$ 作为自定义层的输入。卸载决策 $\boldsymbol{a}$、发射功率 $\boldsymbol{p}$ 和时隙分配 $\boldsymbol{t}$ 的自定义层分别如下所示:

(1)为了满足问题 P3.1 中的发射功率约束 $C3$,全连接层神经网络的最后一层激活函数可表示为

$$\boldsymbol{p} = p_{\max}\vartheta_p(\boldsymbol{h},\boldsymbol{\theta}) \tag{3.13}$$

(2)为了满足优化问题 P3.1 中的时隙分配约束 $C1$,全连接层神经网络的最后一层激活函数可表示为

$$\boldsymbol{t} = T\min[1, \|\vartheta_t(\boldsymbol{h},\boldsymbol{\theta})\|]\frac{\vartheta_t(\boldsymbol{h},\boldsymbol{\theta})}{\|\vartheta_t(\boldsymbol{h},\boldsymbol{\theta})\|} \tag{3.14}$$

(3)优化问题 P3.1 中二元卸载决策需要满足约束 $C2$ 和 $C4$,即在规定时间内,移动设备无法在本地完成任务执行,就必须将任务卸载到边缘服务器上执行。根据约束

$C4$ 可以推导出超出移动设备 k 本地资源计算能力的任务比率 $a_k \geqslant m_k^+$（m_k^+ 为任务卸载比率向量的大小）。其中，$m_k = 1 - (f_k T)/(C_k B_k)$；函数 x^+ 表示为 $x^+ = \max\{x,0\}$。如果 $a_k > 0$，则 $a_k = 1$。相应地，全连接层神经网络的最后一层激活函数可表示为

$$\boldsymbol{a} = \text{sign}\left\{\frac{\text{sign}\,[2\vartheta_a(\boldsymbol{h},\boldsymbol{\theta}) + 1]}{2} + \text{sign}(\boldsymbol{m}_k^+)\right\} \tag{3.15}$$

式中，向量 $\boldsymbol{m}_k^+$ 表示任务卸载比率向量。符号函数表示如下：

$$\text{sign}(x) = \begin{cases} -1, x < 0 \\ 0, x = 0 \\ 1, x > 0 \end{cases} \tag{3.16}$$

因此，全连接层神经网络末端的自定义激活层能够处理约束 $C1$、$C2$、$C3$ 和 $C4$。进一步，优化问题 P3.1 能够转化为如下形式：

$$\begin{aligned} &\text{P3.2}: \min_{\theta} \sum_{k=1}^{K} \beta_k \{\vartheta_p^k(\boldsymbol{h},\boldsymbol{\theta})\, \vartheta_t^k(\boldsymbol{h},\boldsymbol{\theta}) + \varepsilon\,[1 - \vartheta_a(\boldsymbol{h},\boldsymbol{\theta})]\, B_k C_k f_k^2\} \\ &\text{s.t. } C5: t_k' - \vartheta_t^k(\boldsymbol{h},\boldsymbol{\theta}) \leqslant 0, k = 1,2,\cdots,K \end{aligned} \tag{3.17}$$

然而，问题 P3.2 仍然是有约束优化问题。为了消除约束 $C5$，在 DNN 损失函数中引入惩罚项。因为只关注消除违反约束的状态，当约束 $C5$ 满足时，可以忽略函数 $t_k' - \vartheta_t^k(\boldsymbol{h},\boldsymbol{\theta})$ 的值。因此，Hinge 函数的定义如下：

$$H(c) = \begin{cases} c, c \geqslant 0 \\ 0, c < 0 \end{cases} \tag{3.18}$$

在不改变原始公式的情况下，使用 $H[t_k' - \vartheta_t^k(\boldsymbol{h},\boldsymbol{\theta})] = 0 (k = 1,2,\cdots,K)$ 等价代替约束 $C5$。具体来说，当约束 $C5$ 不满足时，$H[t_k' - \vartheta_t^k(\boldsymbol{h},\boldsymbol{\theta})]$ 可以看作损失值；当约束 $C5$ 满足时，根据 $H(c)$ 函数的定义，损失值为 0。因此，优化问题 P3.2 转化为最小化 DNN 的新损失函数，该损失函数引入惩罚项，惩罚约束违反状态。这样，完整的学习问题可以表示为

$$\text{P3.3}: \min_{\boldsymbol{\theta},\boldsymbol{\lambda}_{\text{B}}} \text{loss}_{\text{binary}}(\boldsymbol{\theta}, \boldsymbol{\lambda}_{\text{B}}) \tag{3.19}$$

式中，$\boldsymbol{\lambda}_{\text{B}}$ 表示用来平衡损失函数的比例因子；$\boldsymbol{\theta}$ 表示网络参数集。式（3.19）中的损失函数可以表示为

$$\begin{aligned} \text{loss}_{\text{binary}} = \mathbb{E}\Bigg(&\sum_{k=1}^{K} \beta_k \{\vartheta_p^k(\boldsymbol{h},\boldsymbol{\theta})\, \vartheta_t^k(\boldsymbol{h},\boldsymbol{\theta}) + \varepsilon\,[1 - \vartheta_a(\boldsymbol{h},\boldsymbol{\theta})]\, B_k C_k f_k^2\} + \\ &\lambda_{\text{B}} \sum_{k=1}^{K} H[t_k' - \vartheta(\boldsymbol{h},\boldsymbol{\theta})] \Bigg) \end{aligned} \tag{3.20}$$

式中，$\mathbb{E}$表示对多信道样本损失函数求期望。在损失函数（3.20）中引入惩罚项使神经网络输出满足卸载时间约束，即保证在分配给移动设备的时间内能完成任务卸载。如

果 $t'_k>\vartheta_t^k(\boldsymbol{h},\boldsymbol{\theta})$，则 $H[t'_k-\vartheta_t^k(\boldsymbol{h},\boldsymbol{\theta})]>0$，即卸载时间约束不满足。为了最小化损失函数，惩罚项将迫使 DNN 朝着约束满足的方向更新。相反，如果 $t'_k<\vartheta_t^k(\boldsymbol{h},\boldsymbol{\theta})$，则 $H[t'_k-\vartheta_t^k(\boldsymbol{h},\boldsymbol{\theta})]=0$，惩罚项对损失函数并无影响。在这种情况下，DNN 的训练过程集中于满足移动设备的卸载约束和最小化设备总能耗。

λ_B 为比例因子，用来平衡损失函数中不同项之间的差距。λ_B 作为超参数需要仔细调节：如果太小，DNN 可能会主要关注最小化能耗，输出的解可能会违反约束；如果太大，DNN 可能会更多地关注约束的满足，忽略能耗的最小化，影响 DNN 的性能。在深度学习和许多优化问题中，通常很难选择合适的超参数。采用次梯度法处理由 Hinge 函数引起的不可微性，并且 λ_B 的参数更新公式可以写为如下形式：

$$\lambda_B^{(i+1)}\leftarrow\lambda_B^{(i)}+\alpha\,\nabla_{\lambda_B}\mathrm{loss}_{\mathrm{binary}}(\boldsymbol{\theta},\lambda_B) \tag{3.21}$$

式中，α 表示步长，且

$$\nabla_{\lambda_B}\mathrm{loss}_{\mathrm{binary}}(\boldsymbol{\theta},\lambda_B)=\sum_{k=1}^{K}H[t'_k-\vartheta_t^k(\boldsymbol{h},\boldsymbol{\theta})] \tag{3.22}$$

3.4.3 辅助网络联合训练机制

尽管问题 P3.3 是一个无约束优化问题，但移动边缘计算卸载网络中考虑的二元卸载决策将导致训练过程中的梯度消失问题。换句话说，当采用不可微算子时，反向传播方法不能有效地更新二元卸载决策层之前的神经层的梯度。为了解决这个问题，图 3.3 中设计了一个带有辅助网络的联合训练网络。接下来介绍辅助网络联合训练机制。

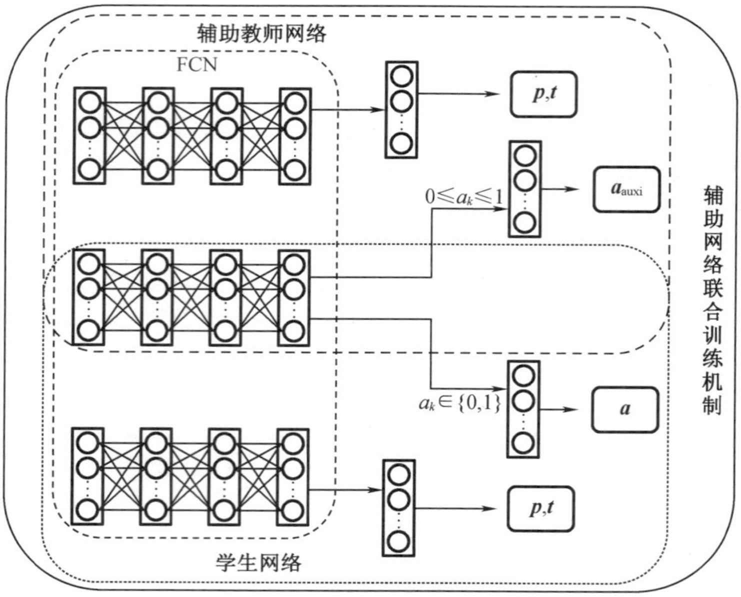

图 3.3 辅助神经网络联合训练示意图

为了将信道增益映射到 0 或 1 的二元卸载决策，将常用的二值化操作符[如 sign( )]作为 DNN 的激活层函数。二值化操作符神经元输出的导数在除原点外的任何地方都为 0 且在原点处不可微，这将带来反向传播过程中的梯度消失问题。处理这一问题最常见的操作为将二值化层的激活函数在反向传播过程中近似为光滑可微的函数。在反向传播过程中，二值化层的这种近似操作被认为是直接估计(straight-though estimation, STE)，这是由 Hinton 首次提出的[113-114]。但是，由于更新方向不正确，当更新 DNN 参数时，这种近似操作可能会产生噪声信号[115-116]。

为了解决这一问题，图 3.3 中设计了一个包含辅助教师网络和学生网络的 DNN。具体来说，辅助教师网络是一个辅助网络，用于指导学生网络更新梯度信息。由于在辅助教师网络中将二元卸载决策松弛为连续约束，因此在反向传播过程中，辅助教师网络能够更新梯度信息，并将梯度信息传递给学生网络。

学生网络是二元卸载网络，与辅助教师网络共享激活层前的全连接层神经网络。学生网络可以在交替更新过程中从辅助教师网络中获得无损失的梯度信息。此外，对于辅助教师网络，假设卸载任务可剪裁，并且二元卸载决策约束松弛为 $0\leqslant a_{\text{auxi}}^{k}\leqslant 1$ $(k=1,2. \cdots,K)$，a_{auxi}^{k} 表示任务卸载比率。为了满足这个约束，辅助教师网络卸载决策的激活层函数的定义如下：

$$a_{\text{auxi}}^{k}=\vartheta_{a}(\boldsymbol{h},\boldsymbol{\theta})(1-m_{k}^{+})+m_{k}^{+},\ k=1,2,\cdots,K \tag{3.23}$$

因此，除了用于卸载决策的全连接层神经网络的激活层不同，学生网络和辅助教师网络具有相同的结构。相同的结构可以有效地将信息从辅助教师网络处传输到学生网络处，并减少由辅助教师网络和学生网络之间的结构不匹配导致的信息损失[101]。此外，卸载决策最后的激活层之前的网络由辅助教师网络和学生网络共享。因此，学生网络可以直接从辅助教师网络中获取无损失的梯度信息。

与优化问题 P3.3 类似，辅助教师网络的损失函数可以表示为

$$\text{P3.4}: \min_{\boldsymbol{\theta}_{\text{auxi}},\boldsymbol{\lambda}_{\text{A}}} \text{loss}_{\text{auxi}}(\boldsymbol{\theta}_{\text{auxi}},\boldsymbol{\lambda}_{\text{A}}) \tag{3.24}$$

式中，$\boldsymbol{\lambda}_{\text{A}}$ 表示惩罚项比例因子；$\boldsymbol{\theta}_{\text{auxi}}$ 表示辅助教师网络参数集；损失函数 $\text{loss}_{\text{auxi}}(\boldsymbol{\theta}_{\text{auxi}},\boldsymbol{\lambda}_{\text{A}})$ 可以表示为

$$\begin{aligned}\text{loss}_{\text{binary}} = \mathbb{E}\Bigg(& \sum_{k=1}^{K}\beta_{k}\{\vartheta_{p}^{k}(\boldsymbol{h},\boldsymbol{\theta}_{\text{auxi}})\,\vartheta_{t}^{k}(\boldsymbol{h},\boldsymbol{\theta}_{\text{auxi}}) + \varepsilon[1-\vartheta_{a}^{k}(\boldsymbol{h},\boldsymbol{\theta}_{\text{auxi}})]B_{k}C_{k}f_{k}^{2}\} + \\ & \lambda_{\text{A}}\sum_{k=1}^{K}H[t_{k}'-\vartheta(\boldsymbol{h},\boldsymbol{\theta}_{\text{auxi}})]\Bigg)\end{aligned} \tag{3.25}$$

为了在训练阶段使辅助教师网络辅助学生网络，本书提出了一种联合训练方法来交替训练辅助教师网络和学生网络。表 3.2 为辅助神经网络联合训练算法，给出了神经网络的联合训练过程，每次迭代交替更新辅助教师网络和学生网络。图 3.4 给出了辅助教师网络和学生网络的联合训练流程图，辅助教师网络和学生网络共用卸载决策

输出网络。因此,辅助教师网络可以有效地引导学生网络获得泛化的无损失梯度信息,有效解决反向传播过程中的梯度消失问题,而且相应的联合训练机制能够防止学生网络陷入较差的局部最小值。

表 3.2 辅助神经网络联合训练算法

算法 3.1 辅助神经网络联合训练
1. 初始化 $\boldsymbol{\theta}$、$\boldsymbol{\theta}_{auxi}$、$\lambda_A$、$\lambda_B$、$\alpha$;
2. 置 minibatch-size=1 000,生成 20 000 个信道数据样本;
3. for $i=1$:num_iterations do
4. 通过使用 ADAM 方法最小化损失函数 $loss_{auxi}(\boldsymbol{\theta}_{auxi},\lambda_A)$ 更新辅助教师网络参数 θ_{auxi};
5. 通过使用 ADAM 方法最小化损失函数 $loss_{binary}(\boldsymbol{\theta},\lambda_B)$ 更新学生网络参数 θ;
6. 根据下式更新惩罚项的超参数 λ_A 和 λ_B: $\lambda_A^{(i+1)} \leftarrow \lambda_A^{(i)} + \alpha \nabla_{\lambda_A} loss_{auxi}(\boldsymbol{\theta}_{auxi},\lambda_A)$ $\lambda_B^{(i+1)} \leftarrow \lambda_B^{(i)} + \alpha \nabla_{\lambda_B} loss_{binary}(\boldsymbol{\theta},\lambda_B)$
7. end for

注:ADAM 全称为 adaptive moment estimation,即自适应矩估计。

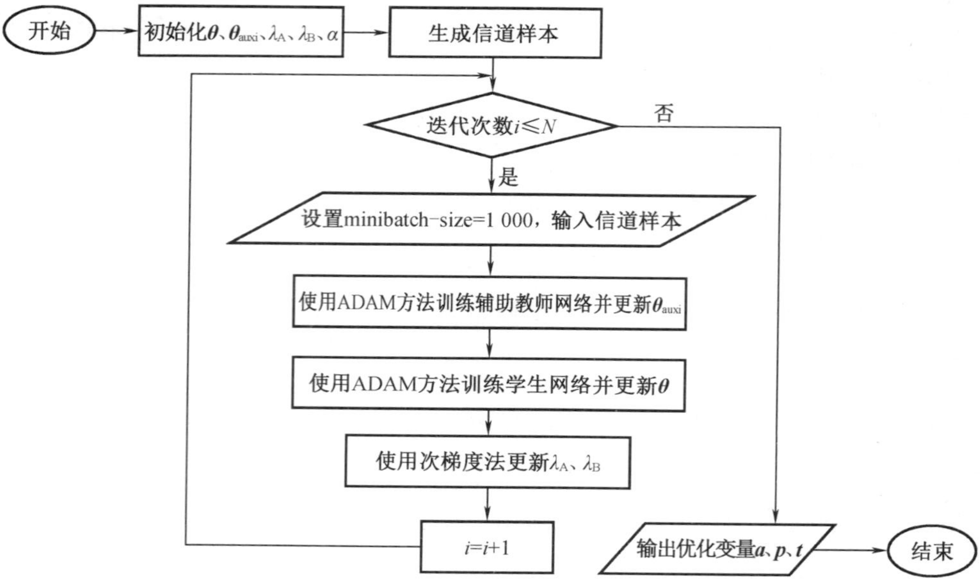

图 3.4 辅助教师网络和学生网络的联合训练流程图

3.5　仿真结果与分析

本节进行了数值模拟以评估前面提出的二元计算卸载方案的效率。考虑一个多用户 MEC 系统,该系统由配备边缘服务器的单天线基站和 K 个移动设备组成。假设所有信道为相互独立的瑞利衰落信道,并将大尺度衰落平均功率损耗设置为 10^{-6}。除非另有规定,其他仿真参数如表 3.3 所示[41]。

表 3.3　二元计算卸载仿真参数设置表

参数	符号	设置值
总带宽/MHz	W	10
移动设备数量/个	K	4~20
最大发射功率/dBm	p_{max}	23
复高斯白噪声功率/W	N_0	10^{-9}
任务数据大小/KB	B_k	100~300
每比特 CPU 循环次数/次	C_k	200~400
时隙/s	T	0.5
本地计算能力/GHz	f_k	1~2
平等公平权重因子	β_k	1
芯片参数	ε	$1\times e^{-28}$

注:dBm=10lg(功率/1 mW)。

为了评估深度学习二元计算卸载方案的性能,本章对比了 3 种卸载方案,具体解释如下:

(1)最小计算卸载(minimum computing offloading scheme,MCOS)

在这种方案中,设备优先考虑本地执行。如果本地计算能力不足,则将所有剩余部分以最大发射功率卸载到边缘服务器上执行,计算 K 个移动设备的加权能耗和。

(2)部分计算卸载(partial computation offloading scheme,PCOS)

假设任务可以被任意分割,使用辅助教师网络替代二元卸载网络来优化任务的卸载比率、传输功率和传输时间,以通过无监督深度学习方法最小化 K 个移动设备的加权能耗和。

(3)二元计算卸载(binary computation offloading scheme,BCOS)

不可剪裁的任务必须全部在本地执行或被卸载到边缘服务器上处理。使用无监督深度学习方法优化二元卸载决策、发射功率和发射时间,以最小化 K 个移动设备的加权能耗和。

图 3.5 比较了不同数量移动设备的 3 种不同方案的加权能耗和,其中,移动设备数量从 4 个增加到 20 个,$T=0.5$ s。对于以上 3 种方案,加权能耗和随着移动设备数量的增加而增加。MCOS 的能耗总是高于其他两种方案,这说明计算卸载能够有效降低移动设备的本地能耗。此外,PCOS 和 BCOS 的能耗相对接近。当移动设备数量少于 8 个时,PCOS 和 BCOS 的能耗大致相同。当移动设备数量超过 8 个时,PCOS 和 BCOS 之间的能耗差距开始增大。这是因为当移动设备的数量较少时,时间期限相对宽松,移动设备可以分配足够的时间来卸载所有任务。随着移动设备数量的增加,时间期限越来越紧张,任务可能需要剪裁。对于二元卸载决策,考虑到任务的完整性,BCOS 不能像 PCOS 对任务进行灵活剪裁,会按比率将任务卸载到边缘服务器上执行。

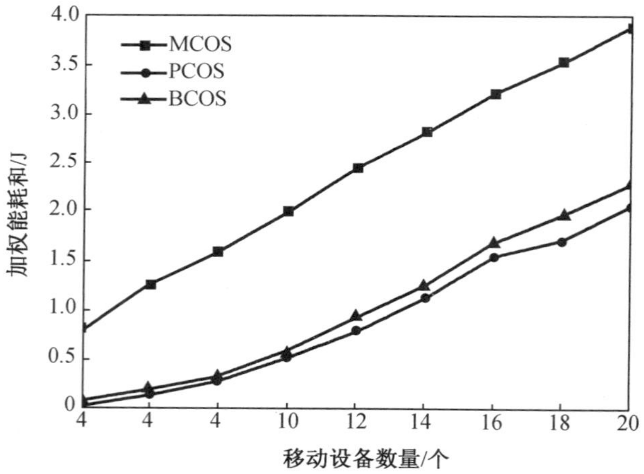

图 3.5　移动设备数量对 3 种方案的加权能耗和的影响

接下来进一步分析通信资源对加权能耗和的影响。当移动设备数量 $K=14$ 时,时隙 T 从 0.3 s 增长到 1.6 s,图 3.6 展示了 MCOS、PCOS 和 BCOS 这 3 种方案的加权能耗和随时隙 T 增长的变化,评估了所提出的 BCOS 的节能效果。随着时隙 T 的增长,BCOS 和 PCOS 的加权能耗和先降低,然后在 $T\geqslant 1.5$ s 时趋于稳定,而 MCOS 的加权能耗和几乎保持不变。这是因为增加的时隙允许选择更多的移动设备来卸载其任务。当时隙 $T\geqslant 1.5$ s 时,PCOS 和 BCOS 的加权能耗和基本保持不变。这表明分配的时间已达到饱和,并满足移动设备卸载所有任务的要求。因此,时隙 T 的进一步增长对加权能耗和基本没有影响。对于 MCOS,它优先考虑本地计算,分配的时间总是满足卸载剩余任务的要求的,因此,时隙 T 的改变对 MCOS 的影响不大。此外,从图 3.6 中可以看出 PCOS 的能耗在开始时略低于 BCOS,然后随着 T 的增长,差距变小。由于部分卸载利用了部分卸载决策,移动设备上的任务可以被灵活剪裁并尽可能卸载。然而,部分卸载违反了任务的完整性,因此,放松的延迟约束有助于减少二元卸载和部分卸载之间的差异,因为任务可以作为整体卸载而不损害完整性。

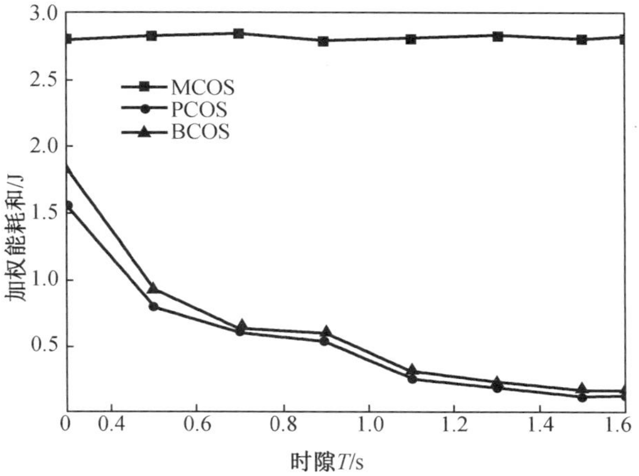

图 3.6　时隙长度对 3 种方案的加权能耗和的影响

图 3.7 为 3 种方案实际卸载时间的累积分布函数(cumulative distribution function, CDF),展示了 K 个移动设备的实际任务卸载时间总和的累积分布函数,其中,$T=1$ s,$K=14$。累积分布函数表示概率分布函数的积分。从图 3.7 中可以看出,对于 MCOS,所有移动设备的实际任务执行延迟在 0.5 s 的概率很高,这比规定的延迟约束 1.0 s 低得多。由于 MCOS 优先考虑本地执行,只有少量本地计算不完的任务被卸载到边缘服务器上执行,因此所需的时间分配相对较少。然而,PCOS 和 BCOS 都有一些实际卸载时间超过规定时间限制的样本。这是因为违反延迟约束的样本数量受到损失函数式(3.20)和式(3.25)中惩罚项的超参数 λ_A 和 λ_B 的影响。超参数用于平衡损失函数中的目标函数和实际卸载时间约束。如果超参数过大,DNN 将集中于满足实际卸载时间约束,并且违反延迟约束的样本数量将进一步减少,甚至变为 0,同时牺牲总能耗;如果超参数过小,DNN 将主要最小化加权能耗和,并输出不可行的解决方案,增加违反了延迟约束的样本数量。因此,为了最优化 MEC 网络的卸载性能,有几个样本违反了延迟约束,以获得次优卸载决策和最低能耗。总的来说,PCOS 和 BCOS 可在规定的延迟内以很高的概率完成卸载任务。

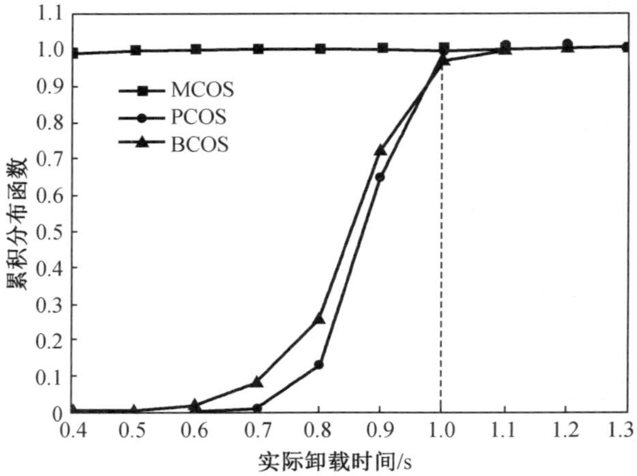

图 3.7　3 种方案实际卸载时间的累积分布函数

3.6　本 章 小 结

本章针对多用户 MEC 网络中移动设备上不可剪裁的计算密集型任务的二元卸载问题，提出了一种基于无监督深度学习的求解方法，以节省移动设备的加权能耗和。该问题被建模为优化问题，联合优化二元卸载决策、发射时间和发射功率，在满足延迟和发射功率约束的条件下最小化设备的加权能耗和。由于考虑二元卸载决策，因此优化问题是混合整数规划问题，在反向传播过程中存在梯度消失问题。为了解决这个问题，本章提出了基于无监督学习的求解方案，并设计了一种联合训练网络。在联合训练网络中，交替训练辅助教师网络和学生网络。在辅助教师网络的帮助下，学生网络可以获取无损失的梯度信息。最后，通过基于无监督深度学习的二元计算卸载方案获得优化问题的次优解。仿真结果表明，移动边缘计算卸载方法可以有效降低设备的加权能耗和。此外，二元卸载方案和部分卸载方案都可以使用训练好的神经网络来获得优化的卸载决策和资源分配方案，有效地解决优化问题。特别是二元卸载决策更适用于无法剪裁的原子任务。

第 4 章　IRS 辅助的安全边缘计算和通信资源分配

在上一章基于深度学习的计算卸载中,移动设备通过无线链路将计算任务卸载到边缘服务器上执行,降低任务执行时延并节约本地能耗。然而,由于无线链路的随机性,卸载信号在传输过程中要产生衰落和衰减,且由于信号的广播特性,很容易被非法用户窃听,严重威胁数据安全。基于以上考虑,本章从通信角度出发,研究了 IRS 辅助的安全边缘计算和通信资源分配问题。本章首先提出了存在窃听者的 IRS 辅助的安全计算卸载模型,并定义了以最小化用户加权时延和为目标的计算卸载和资源分配联合优化问题。其次,设计算法将原始优化问题分解为计算设计子问题和通信设计子问题并进行求解。仿真结果表明,本章所提出的方案能够有效降低用户加权时延和。

4.1　本 章 概 述

随着物联网的快速发展,海量移动设备接入网,并涌现出大量计算密集型应用[117]。然而,由于计算资源有限,移动设备很难通过本地计算资源在有限的时间内完成计算密集型任务。为了平衡计算资源,MEC 作为一种有前途的技术可以有效地解决高延迟和计算资源不足的问题[17,118]。大量学者对 MEC 进行了多项研究工作,以充分发挥 MEC 网络的优势,提高其性能。然而,在以上工作中,MEC 网络的潜力还没有被充分开发,主要是因为计算卸载环节还远远不够完善。设备通过无线链路进行任务卸载,卸载信号在无线介质中传输时会产生衰落和衰减。特别是对于远离边缘节点的设备,这可能会导致比本地执行更高的延迟,并抑制 MEC 的优势。这些设备必须依赖自己的计算资源,无法享受 MEC 带来的优势。因此,从通信的角度提高 MEC 系统的性能是非常重要的。

IRS 作为 6G 无线通信网络一种新的革命性技术,能够重新配置无线传播环境,提高频谱和能量效率[72,125]。具体地说,IRS 可以独立地控制入射电磁波的振幅变化和/或相移,从而协同地创建一个良好的信号传播环境,以提高无线通信质量。IRS 获得的增益包括虚拟阵列增益和反射辅助波束形成增益。其中,将直接链路和IRS反射链路信号相结合可获得虚拟阵列增益,而通过主动调节IRS相移可获得反射辅助波束赋形增益。Zhang等[126]通过优化IRS反射矩阵和发射功率协方差矩阵,提升了多输入多输出(MIMO)系统的容量极限。Wu等[127]优化了接入点的有源波束形成和IRS的无源波束形成,在满足信号干扰噪声比(signal to interference and noise ratio,SINR)的约束条件下,降低IRS辅助的单小区无线系统接入点处的发射功率,提升其通信性能。利用IRS在提高反射辅助波束形成增益和虚拟阵列增益、改善信道条件、节约能耗等方面的优势,在MEC网络中合理部署IRS有利于提高卸载效率,进一步发挥MEC网络的优势。

除了恶劣的无线传播环境外,由于广播的性质,MEC网络中的无线卸载可能会被窃听者听到,这将导致信息泄露,因此提高卸载保密率对保护卸载数据至关重要。学术界提出了各种技术来最大化保密通信速率,如波束赋形方案和人工噪声干扰等[128-129]。但是,当合法通信信道比窃听信道弱时,即使使用上述技术,可达到的保密率也会受到严重限制[130]。IRS已被证明是解决这一问题的有效解决方案[88,131-132]。因此,在MEC网络中适当部署IRS可以有效地改善恶劣的无线传播环境和解决数据泄露问题。

本章在第2章研究基础上,进一步考虑MEC网络中恶劣的无线传播环境和卸载过程中的数据泄露问题。本章研究了IRS辅助安全边缘计算和通信的资源分配问题。本章所做的主要工作如下:第一,提出了一种IRS辅助的安全MEC系统模型。通过在MEC网络中部署IRS,改善任务卸载链路质量,提高卸载数据保密率和卸载效率。第二,联合优化卸载比率、多用户检测矩阵、边缘服务器计算资源分配和IRS相移参数,最小化所有用户加权时延和。第三,采用块坐标下降法求解加权时延和最小化问题,并进行数值仿真,验证IRS辅助安全边缘计算方案的有效性。

4.2 IRS辅助的安全边缘计算卸载模型

本节介绍了IRS辅助的安全边缘计算卸载模型,主要包括通信模型和计算模型。

4.2.1 通信模型

图4.1为IRS辅助的安全边缘计算卸载模型,包括一个配备M个天线的接入点,K个单天线移动设备,1个单天线窃听者和1个IRS。K个单天线移动设备通过无线链路将部分或全部计算任务卸载到边缘服务器上处理。假设边缘服务器位于接入点附近,并通过高通量光纤连接到接入点。因此,与无线链路上的卸载时间相比,可以忽

略从接入点到边缘服务器的任务传输时间。为了改善计算卸载传输环境,在移动设备附近部署了具有 N 个元素的 IRS,以重新配置无线传输环境,提高卸载效率。此外,还假设 IRS 和接入点的单元间距和天线间距足够大,以分别确保相关的小规模衰落是独立的[133]。

定义移动设备与接入点、移动设备与 IRS、IRS 与接入点和窃听者与接入点之间的等价基带信道分别表示为 $\boldsymbol{h}_{\mathrm{A},k}\in\mathbb{C}^{M\times1}$、$\boldsymbol{h}_{\mathrm{I},k}\in\mathbb{C}^{N\times1}$、$\boldsymbol{G}\in\mathbb{C}^{M\times N}$ 和 $\boldsymbol{h}_{\mathrm{EV},k}\in\mathbb{C}^{E}$。假设所有的信道都是准静态平坦衰落信道,能够被很好地估计[134-135]。因此,当移动设备被调度进行任务卸载时,信道几乎保持不变,而且接入点能够获得完美的信道状态信息。同时,假设窃听者知道 $\boldsymbol{h}_{\mathrm{EV},k}$ 的信道状态信息,接入点知道 $\boldsymbol{h}_{\mathrm{A},k}$、$\boldsymbol{h}_{\mathrm{I},k}$、$\boldsymbol{G}$ 的信道状态信息和 $\boldsymbol{h}_{\mathrm{EV},k}$ 的估计信道状态信息 $\widetilde{\boldsymbol{h}}_{\mathrm{EV},k}$。根据确定的不确定性模型[56],窃听者的估计信道可以表示为

$$\frac{\|\boldsymbol{h}_{\mathrm{EV},k}-\widetilde{\boldsymbol{h}}_{\mathrm{EV},k}\|}{\|\widetilde{\boldsymbol{h}}_{\mathrm{EV},k}\|}\leqslant\xi \tag{4.1}$$

式中,ξ 为估计误差的上界。

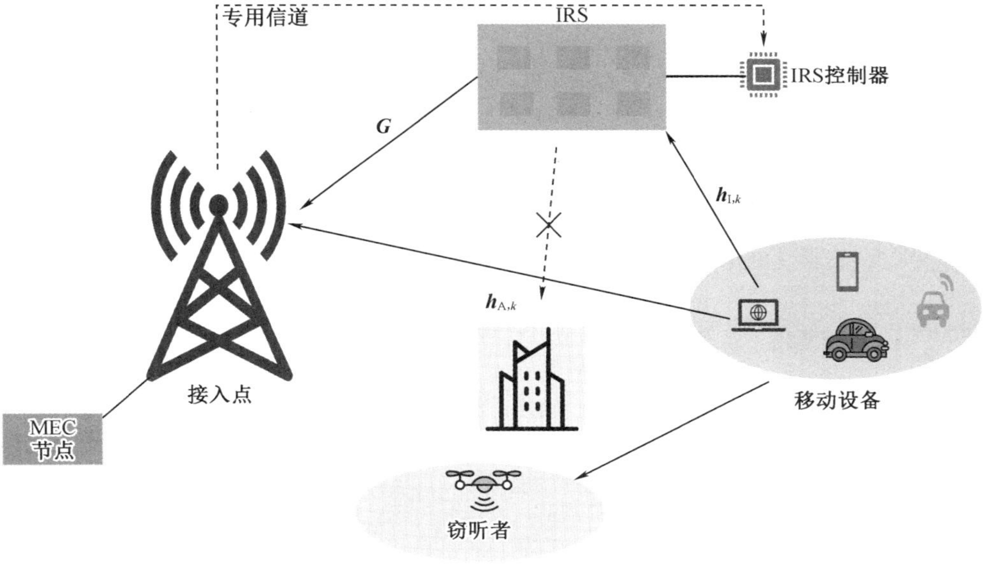

图 4.1　IRS 辅助的安全边缘计算卸载模型

定义 IRS 的相移为

$$\boldsymbol{\varphi}=[\varphi_1,\varphi_2,\cdots,\varphi_N]^{\mathrm{H}},\boldsymbol{\Phi}=\mathrm{diag}(\boldsymbol{\varphi}) \tag{4.2}$$

式中,$\varphi_n=a_n\mathrm{e}^{\mathrm{j}\theta_n}(n=1,2,\cdots,N)$,$\theta_n\in[0,2\pi]$,为 IRS 第 n 个反射元的相位;a_n 为反射

幅度。为了充分利用 IRS 的优势,设置 IRS 的反射幅度为 1。假设接入点根据动态计算资源和信道状态信息计算 IRS 的相移参数,然后通过专用信道将其发送给 IRS 控制器。在接收到新的相移参数之后,IRS 重新配置相移以改善计算卸载传输环境。

假设移动设备在相同时隙内使用给定频带 B 实现计算任务卸载。IRS 辅助的复合信道可以看作是 MD-IRS 和 IRS-AP 链路的级联链路。P_t、$\boldsymbol{x}=[x_1,x_2,\cdots,x_k]^{\mathrm{T}}$、$\boldsymbol{z}=[z_1,z_2,\cdots,z_M]^{\mathrm{T}}$ 分别代表移动设备 k 的发射功率、卸载数据和噪声向量。因此,接入点的接收信号可以表示为

$$\boldsymbol{y}=\sqrt{P_{\mathrm{t}}}\sum_{k=1}^{K}(\boldsymbol{h}_{\mathrm{A},k}+\boldsymbol{G\Phi h}_{\mathrm{I},k})x_k+\boldsymbol{z} \tag{4.3}$$

式中,$z_m\sim\mathrm{CN}(0,\sigma^2)$,$m=1,2,\cdots,M$。为了适应计算复杂性,接入点采用线性多用户检测技术,并且 $\boldsymbol{W}\in\mathbb{C}^{M\times K}$,表示多用户检测矩阵。因此,接入点恢复的信号可以表示为

$$\hat{\boldsymbol{x}}=\boldsymbol{W}^{\mathrm{H}}\boldsymbol{y}=\boldsymbol{W}^{\mathrm{H}}\left[\sqrt{P_{\mathrm{t}}}\sum_{k=1}^{K}(\boldsymbol{h}_{\mathrm{A},k}+\boldsymbol{G\Phi h}_{\mathrm{I},k})x_k+\boldsymbol{z}\right] \tag{4.4}$$

并且移动设备 k 的恢复信号表示为

$$\hat{x}_k=\boldsymbol{w}_k^{\mathrm{H}}\left[\sqrt{P_{\mathrm{t}}}\sum_{i=1}^{K}(\boldsymbol{h}_{\mathrm{A},i}+\boldsymbol{G\Phi h}_{\mathrm{I},i})x_i+\boldsymbol{z}\right] \tag{4.5}$$

式中,w_k 表示矩阵 $\boldsymbol{W}$ 的第 k 列。因此,移动设备 k 的信号干扰噪声比可以表示为

$$\mathrm{SINR}_k=\frac{P_{\mathrm{t}}|\boldsymbol{w}_k^{\mathrm{H}}(\boldsymbol{h}_{\mathrm{A},k}+\boldsymbol{G\Phi h}_{\mathrm{I},k})|^2}{P_{\mathrm{t}}\sum\limits_{i=1,i\neq k}^{K}|\boldsymbol{w}_k^{\mathrm{H}}(\boldsymbol{h}_{\mathrm{A},i}+\boldsymbol{G\Phi h}_{\mathrm{I},i})|^2+\sigma^2|\boldsymbol{w}_k^{\mathrm{H}}|^2} \tag{4.6}$$

式中,σ^2 表示复高斯信道白噪声的方差。因此,移动设备 k 的最大计算速率为

$$R_{\mathrm{D},k}=B\log_2(1+\mathrm{SINR}_k) \tag{4.7}$$

假设窃听者只能接收到移动设备 k 的信号,即窃听者不接收来自 IRS 和接入点的信号。因此,窃听者的窃听速率为[136]

$$R_{\mathrm{EV},k}=B\log_2\left(1+\frac{P_{\mathrm{t}}|\boldsymbol{h}_{\mathrm{EV},k}|^2}{\sigma_{\mathrm{EV}}^2}\right) \tag{4.8}$$

式中,σ_{EV}^2 为窃听者的噪声方差。由于接入点只知道估计信道状态信息 $\widetilde{\boldsymbol{h}}_{\mathrm{EV},k}$,因此窃听速率的上界可以表示为

$$\widetilde{R}_{\mathrm{EV},k}=B\log_2\left[1+\frac{P_t(1+\xi)^2|\widetilde{\boldsymbol{h}}_{\mathrm{EV},k}|^2}{\sigma_{\mathrm{EV}}^2}\right] \tag{4.9}$$

根据窃听者和移动设备 k 的速率表达式,接入点通知给移动设备 k 对应的保密卸载速率的下限可推导为[137]

$$R_{s,k}=[R_{\mathrm{D},k}-\widetilde{R}_{\mathrm{EV},k}]^+ \tag{4.10}$$

式中,如果 $s>0$,则 $[s]^+$ 返回 s,否则返回 0。

4.2.2　计算模型

为了降低时延并处理计算密集型任务，移动设备将任务部分或全部卸载到 MEC 网络边缘服务器上执行。考虑可裁剪的计算任务，其中，某一部分任务可以在本地完成，而其余的任务则被卸载到边缘服务器上执行。因此，计算模型可以分为两部分：本地计算和边缘服务器计算。

1. 本地计算

令 D_k、β_k、C_k 分别表示移动设备 k 的任务总比特数、卸载比率、处理每比特数据 CPU 循环圈数；f_k 表示移动设备 k 的计算能力，即 CPU 每秒循环圈数。因此，移动设备 k 处理本地计算任务所需要的时间可以表示为

$$T_k^{\mathrm{l}}(\beta_k)=\frac{(1-\beta_k)D_kC_k}{f_k^{\mathrm{l}}} \tag{4.11}$$

2. 边缘服务器计算

令 $F_{\mathrm{total}}^{\mathrm{e}}$ 和 f_k^{e} 分别代表边缘服务器的最大计算能力和分配给移动设备 k 的计算资源。假设当卸载过程完成时，边缘服务器开始执行移动设备 k 的计算任务。因此，边缘服务器计算的总延迟包括任务卸载时间、边缘服务器执行时间和返回计算结果时间。由于与卸载任务相比，计算结果很小，所以返回计算结果时间可以忽略不计[138]。移动设备 k 卸载任务和边缘服务器计算导致的总时延为

$$T_k^{\mathrm{e}}(\beta_k,F_k^{\mathrm{e}},\boldsymbol{w}_k,\boldsymbol{\varphi})=\frac{\beta_kD_k}{R_{s,k}}+\frac{\beta_kD_kC_k}{F_k^{\mathrm{e}}} \tag{4.12}$$

这样，移动设备 k 执行任务的总时延为本地计算和边缘服务器计算时延的最大值，并可以表述如下：

$$T_k(\beta_k,F_k^{\mathrm{e}},\boldsymbol{w}_k,\boldsymbol{\varphi})=\max\{T_k^{\mathrm{l}},T_k^{\mathrm{e}}\}=\max\left[\frac{(1-\beta_k)D_kC_k}{f_k^{\mathrm{l}}},\frac{\beta_kD_k}{R_{s,k}}+\frac{\beta_kD_kC_k}{F_k^{\mathrm{e}}}\right] \tag{4.13}$$

4.3　加权时延和最小化问题构建

考虑 IRS 辅助的安全卸载，本章旨在通过联合优化计算和通信设计来最小化 K 个移动设备的加权时延和。具体而言，在满足边缘服务器计算资源条件下，通过联合优化本地任务的卸载比率 $\boldsymbol{\beta}=[\beta_1,\beta_2,\cdots,\beta_K]^{\mathrm{T}}$、边缘服务器计算资源分配 $\boldsymbol{F}^{\mathrm{e}}=[F_1^{\mathrm{e}},F_2^{\mathrm{e}},\cdots,F_k^{\mathrm{e}}]^{\mathrm{T}}$、多用户检测矩阵 $\boldsymbol{W}$ 和 IRS 的相移参数 $\boldsymbol{\varphi}$ 最小化所有用户的加权时延和，相应的时延最小化问题可以表示为

$$
\begin{aligned}
\text{P4.0:} \min_{\boldsymbol{\beta},\boldsymbol{F}^{\mathrm{e}},\boldsymbol{W},\boldsymbol{\varphi}} & \sum_{k=1}^{K} \varepsilon_k T_k(\beta_k, F_k^{\mathrm{e}}, \boldsymbol{w}_k, \boldsymbol{\varphi}) \\
\text{s.t. } & C1: 0 \leqslant \beta_k \leqslant 1, \forall k = 1,2,\cdots,K \\
& C2: \sum_{k=1}^{K} F_k^{\mathrm{e}} \leqslant F_{\mathrm{total}}^{\mathrm{e}} \\
& C3: F_k^{\mathrm{e}} \geqslant 0, \forall k = 1,2,\cdots,K \\
& C4: |\varphi_n| = 1, \forall n = 1,2,\cdots,N
\end{aligned} \tag{4.14}
$$

式中，ε_k 表示移动设备 k 的权重参数，其与直接链路路径损失的导数成正比，并且归一化为 $\sum_{k=1}^{K}\varepsilon_k = 1$。约束 $C1$ 限制移动设备的卸载比率。约束 $C2$ 和 $C3$ 限制边缘服务器的计算资源分配。$C4$ 约束 IRS 的相位。

问题 P4.0 中有 4 个优化变量，即本地卸载比率 $\boldsymbol{\beta}$、边缘服务器的计算资源分配 $\boldsymbol{F}^{\mathrm{e}}$、多用户检测矩阵 $\boldsymbol{W}$ 和 IRS 的相移参数 $\boldsymbol{\varphi}$。前两个变量与计算设计有关，后两个变量与通信设计有关。求解问题 P4.0 有两个主要挑战：一个是目标函数中存在最大化算子；另一个是通信设计变量的深度耦合。因此，直接获取全局最优解具有挑战性。为了求解该问题，采用块坐标下降法将问题 P4.0 分块为计算设计和通信设计，并将目标函数转化为易处理形式，然后采用拉格朗日对偶法、加权最小均方差法和黎曼共轭梯度法交替求解优子问题化问题。

4.4　问题求解及算法设计

块坐标下降法作为一种迭代算法，可以将优化变量分解为块，并在固定其他块的同时按块循环更新。为了解决时延最小化问题，采用块坐标下降法将计算设计和通信设计解耦，其流程图如图 4.2 所示。首先，固定通信设计变量，优化移动设备的卸载比率和边缘服务器的计算资源分配。其次，固定计算设计变量，优化通信设计中的多用户检测矩阵和 IRS 的相位矩阵。最后，联合优化计算和通信设计实现总时延最小化的目标。

4.4.1　计算设计优化

固定通信设计多用户检测矩阵 $\boldsymbol{W}$ 和 IRS 的相移参数 $\boldsymbol{\varphi}$，原优化问题 P4.0 可以重写为

$$\begin{aligned}
&\text{P4.1}: \min_{\boldsymbol{\beta}, \boldsymbol{F}^{\mathrm{e}}} \sum_{k=1}^{K} \varepsilon_k T_k(\beta_k, F_k^{\mathrm{e}}) \\
&\text{s.t. } C1: 0 \leqslant \beta_k \leqslant 1, \forall k = 1, 2, \cdots, K \\
&\quad\quad C2: \sum_{k=1}^{K} F_k^{\mathrm{e}} \leqslant F_{\mathrm{total}}^{\mathrm{e}} \\
&\quad\quad C3: F_k^{\mathrm{e}} \geqslant 0, \forall k = 1, 2, \cdots, K
\end{aligned} \tag{4.15}$$

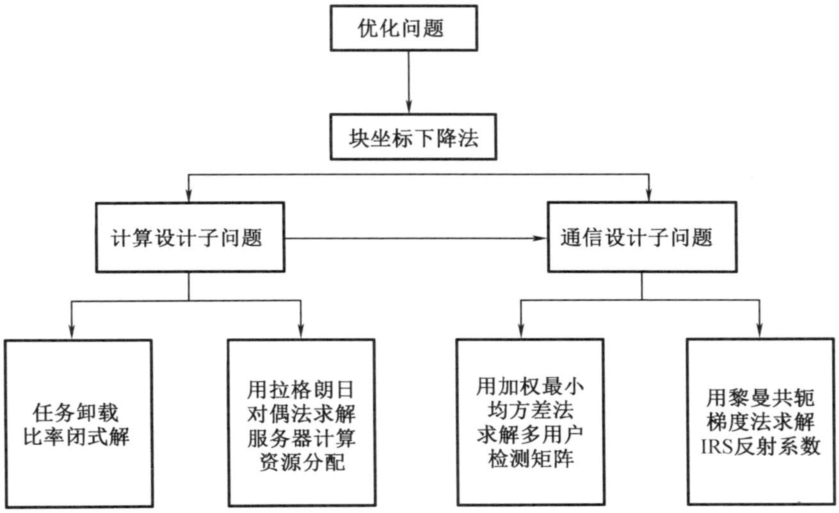

图 4.2　迭代算法流程图

采用块坐标下降法解耦优化变量 $\boldsymbol{\beta}$ 和 $\boldsymbol{F}^{\mathrm{e}}$，下面介绍其详细求解过程。

1. 优化本地任务卸载比率 $\boldsymbol{\beta}$

给定 $\boldsymbol{W}$、$\boldsymbol{\varphi}$ 和 $\boldsymbol{F}^{\mathrm{e}}$，最优任务卸载比率可以表示为

$$\beta_k^* = \arg\min_{\tilde{\beta}_k} T_k(\tilde{\beta}_k) \tag{4.16}$$

式中，arg 是变元，即自变量 argument 的缩写，arg min[$f(x)$]表示 $f(x)$ 达到最小值时 x 的取值。式(4.16)中时延最小时，β_k 取值即为卸载比率最优解。根据式(4.9)，跟卸载比率相关的延迟表达式定义为

$$\tilde{T}_k(\tilde{\beta}_k) \stackrel{\mathrm{d}}{=} \max\{T_k^{\mathrm{l}}(\tilde{\beta}_k), T_k^{\mathrm{e}}(\tilde{\beta}_k)\} \tag{4.17}$$

其分段形式可以重写为

$$\widetilde{T}_k(\widetilde{\beta}_k)=\begin{cases}\dfrac{(1-\widetilde{\beta}_k)D_kC_k}{f_k^{\mathrm{l}}},0\leqslant\widetilde{\beta}_k\leqslant\dfrac{C_kR_{s,k}f_k^{\mathrm{e}}}{C_kR_{s,k}(F_k^{\mathrm{e}}+f_k^{\mathrm{e}})+f_k^{\mathrm{l}}f_k^{\mathrm{e}}}\\ \dfrac{\widetilde{\beta}_kD_k}{R_{s,k}}+\dfrac{\widetilde{\beta}_kD_kC_k}{F_k^{\mathrm{e}}},\dfrac{C_kR_{s.k}f_k^{\mathrm{e}}}{C_kR_{s,k}(F_k^{\mathrm{e}}+F_k^{\mathrm{e}})+f_k^{\mathrm{l}}F_k^{\mathrm{e}}}<\widetilde{\beta}_k\leqslant 1\end{cases} \tag{4.18}$$

为了易于表述,令

$$\bar{\beta}=\frac{C_kR_{s,k}F_k^{\mathrm{e}}}{C_kR_{s,k}(F_k^{\mathrm{e}}+f_k^{\mathrm{e}})+f_k^{\mathrm{l}}F_k^{\mathrm{e}}} \tag{4.19}$$

从式(4.18)中注意到,当 $\widetilde{\beta}_k\in[0,\bar{\beta}]$ 时,加权时延和 $\widetilde{T}(\widetilde{\beta}_k)$ 随着 $\widetilde{\beta}_k$ 的增加而单调递减,当 $\widetilde{\beta}_k\in(\bar{\beta},1]$ 时,加权时延和 $\widetilde{T}(\widetilde{\beta}_k)$ 随着 $\widetilde{\beta}_k$ 的增加而单调递增。因此,当

$$\widetilde{\beta}_k=\bar{\beta}_k=\frac{C_kR_{s,k}F_k^{\mathrm{e}}}{C_kR_{s,k}(F_k^{\mathrm{e}}+f_k^{\mathrm{e}})+f_k^{\mathrm{l}}F_k^{\mathrm{e}}} \tag{4.20}$$

加权时延和 $\widetilde{T}(\widetilde{\beta}_k)$ 获得最小值,即本地计算时延和边缘服务器计算时延相等时加权时延和最小。这样,最优卸载比率可表示为

$$\beta_k^*=\frac{C_kR_{s,k}F_k^{\mathrm{e}}}{C_kR_{s,k}(F_k^{\mathrm{e}}+f_k^{\mathrm{e}})+f_k^{\mathrm{l}}F_k^{\mathrm{e}}} \tag{4.21}$$

2. 优化边缘计算资源分配 $\boldsymbol{F}^{\mathrm{e}}$

为了优化边缘服务器的计算资源分配,这里固定通信设计变量 $\boldsymbol{W}$、$\boldsymbol{\varphi}$,并将最优卸载比率 β_k^* 代入优化问题 P4.1 的目标函数,问题 P4.1 转化为

$$\begin{aligned}&\text{P4.1}-T1:\min_{F^{\mathrm{e}}}\sum_{k=1}^{K}\varepsilon_k\frac{C_kf_k^{\mathrm{e}}D_k+C_k^2D_kR_{s,k}}{C_kR_{s,k}(f_k^{\mathrm{l}}+F_k^{\mathrm{e}})+f_k^{\mathrm{l}}F_k^{\mathrm{e}}}\\&\text{s.t.}\ C1:\sum_{k}^{K}F_k^{\mathrm{e}}\leqslant F_{\mathrm{total}}^{\mathrm{e}}\\&\qquad C2:F_k^{\mathrm{e}}\geqslant 0,\forall k=1,2,\cdots,K\end{aligned} \tag{4.22}$$

因此,问题 P4.1−$T1$ 中目标函数关于 F_k^{e} 的二阶导数可以计算为

$$\mathbf{grad}_{F_k^{\mathrm{e}}}^{(2)}=\frac{2\varepsilon_kD_kC_k^3R_{s,k}^2(f_k^{\mathrm{l}}+C_kR_{s,k})}{[f_k^{\mathrm{l}}F_k^{\mathrm{e}}+C_kR_{s,k}(f_k^{\mathrm{l}}+F_k^{\mathrm{e}})]^3} \tag{4.23}$$

由于 ε_k、C_k、$R_{s,k}$、f_k^{l} 都是正的,D_k、F_k^{e} 非负,所以可以从式(4.23)得出结论 $\mathbf{grad}_{F_k^{\mathrm{e}}}^{(2)}\geqslant 0$。从而说明问题 P4.1−$T1$ 的目标函数是 F_k^{e} 的凸函数,$C1$ 和 $C2$ 中的约束函数是线性函数。因此,问题 P4.1−$T1$ 满足 Slater 条件,是严格凸的。

根据严格凸性和 Slater 条件,问题 P4.1−$T1$ 与其对偶问题之间的强对偶性成立[86]。采用 KKT 条件求解问题 P4.1−$T1$ 的最优解,相应的拉格朗日对偶函数可以

写为

$$L(\boldsymbol{F}^{\mathrm{e}},\boldsymbol{\lambda})=\sum_{k=1}^{K}\frac{\varepsilon_k(C_kF_k^{\mathrm{e}}D_k+C_k^2D_kR_{s,k})}{C_kR_{s,k}(f_k^{\mathrm{l}}+F_k^{\mathrm{e}})+F_k^{\mathrm{e}}f_k^{\mathrm{l}}}+\boldsymbol{\lambda}\left(\sum_{k=1}^{K}F_k^{\mathrm{e}}-F_{\mathrm{total}}^{\mathrm{e}}\right) \tag{4.24}$$

式中，$\boldsymbol{\lambda}>0$ 为问题 P4.1-T1 约束 C1 的拉格朗日乘子。

边缘服务器最优计算资源分配 $F^{\mathrm{e}*}$ 和最优拉格朗日乘子 $\boldsymbol{\lambda}^*$ 满足以下 KKT 条件：

$$\frac{\partial L}{\partial f_k^{\mathrm{e}}}=\frac{-\varepsilon_kD_kC_k^3R_{s,k}^2}{[C_kR_{s,k}f_k^{\mathrm{l}}+(f_k^{\mathrm{l}}+C_kR_{s,k})F_k^{\mathrm{e}^*}]^2}+\boldsymbol{\lambda}^*=0,k=1,2,\cdots,K \tag{4.25}$$

$$\boldsymbol{\lambda}^*\left(\sum_{k=1}^{K}F_k^{\mathrm{e}}-F_{\mathrm{total}}^{\mathrm{e}}\right)=0 \tag{4.26}$$

$$F_k^{\mathrm{e}^*}\geqslant 0,k=1,2,\cdots,K \tag{4.27}$$

根据式(4.18)，可以获得移动设备 k 的边缘服务器的计算资源分配 F_k^{e}，并且 F_k^{e} 的计算值为

$$F_k^{\mathrm{e}}=\frac{\sqrt{\dfrac{\varepsilon_kD_kC_k^3R_{s,k}^2}{\boldsymbol{\lambda}}}-C_kR_{s,k}f_k^{\mathrm{l}}}{f_k^{\mathrm{l}}+C_kR_{s,k}},k=1,2,\cdots,K \tag{4.28}$$

对于任意移动设备 k 都有 $F_k^{\mathrm{e}}\geqslant 0$，因此

$$\sqrt{\frac{\varepsilon_kD_kC_k^3R_{s,k}^2}{\boldsymbol{\lambda}}}-C_kR_{s,k}f_k^{\mathrm{l}}\geqslant 0 \tag{4.29}$$

对于拉格朗日乘子 $\boldsymbol{\lambda}$ 有 $\boldsymbol{\lambda}\leqslant(\varepsilon_kD_kC_k)/(f_k^{\mathrm{l}})^2$。因此，本节采用二分查找方法在区间 $(0,\min\limits_k[(\varepsilon_kD_kC_k)/(f_k^{\mathrm{l}})^2]]$ 上可以找到最优 $\boldsymbol{\lambda}^*$，以确保式(4.25)具有收敛精度 τ。求解问题 P4.1-T1 的详细过程如表 4.1 所示。

表 4.1　计算设计优化算法

算法 4.1 给定通信设计 $\boldsymbol{W}$ 和 $\boldsymbol{\varphi}$，优化计算设计 $\boldsymbol{\beta}$ 和 $\boldsymbol{F}^{\mathrm{e}}$
输入：K、ε_k、D_k、C_k、f_k^{l}、$F_{\mathrm{total}}^{\mathrm{e}}$、$P_{\mathrm{t}}$、$\boldsymbol{h}_{\mathrm{A},k}$、$\boldsymbol{h}_{\mathrm{I},k}$、$\boldsymbol{G}$、$\sigma^2$、$B$、$\xi$、$\varepsilon$ 和 $i_1^{\max}$；
输出：给定 $\boldsymbol{W}$ 和 $\boldsymbol{\varphi}$，输出最优 $\boldsymbol{\beta}^*$ 和 $\boldsymbol{F}^{\mathrm{e}^*}$；
1. 初始化
初始化 $i_1=0,\varepsilon_1^{(0)}=1$，$\boldsymbol{W}$ 和 $\boldsymbol{\varphi}$，$\boldsymbol{F}^{\mathrm{e}(0)}\leftarrow\widetilde{\boldsymbol{F}}^{\mathrm{e}}$ 且 $\widetilde{\boldsymbol{F}}^{\mathrm{e}}$ 满足问题 P4.0 中的约束 C2 和 C3；
根据等式(4.8)计算 $R_{s,k}$
2. 优化 $\boldsymbol{\beta}$ 和 $\boldsymbol{F}^{\mathrm{e}}$
while $\varepsilon_1^{(i_1)}>\varepsilon$ && $i_1<i_1^{\max}$ do
· 根据式(4.20)计算 $\boldsymbol{\beta}$
· 根据式(4.27)计算 $\boldsymbol{F}^{\mathrm{e}}$

表 4.1(续)

算法 4.1 给定通信设计 $\boldsymbol{W}$ 和 $\boldsymbol{\varphi}$,优化计算设计 $\boldsymbol{\beta}$ 和 $\boldsymbol{F}^{e}$
· $\varepsilon_1^{(i_1+1)}=\dfrac{\lvert \mathrm{obj}[\boldsymbol{\beta}^{(i_1+1)},\boldsymbol{F}^{e(i_1+1)}]-\mathrm{obj}[\boldsymbol{\beta}^{(i_1)},\boldsymbol{F}^{e(i_1)}]\rvert}{\mathrm{obj}[\boldsymbol{\beta}^{(i_1+1)},\boldsymbol{F}^{e(i_1+1)}]}$
· $i_1\leftarrow i_1+1$
end while
3. 输出最优 $\boldsymbol{\beta}^*$ 和 $\boldsymbol{F}^{e*}$
$\boldsymbol{\beta}^*\leftarrow\boldsymbol{\beta}^{(i_1)},\boldsymbol{F}^{e*}\leftarrow\boldsymbol{F}^{e(i_1)}$

4.4.3 通信设计优化

给定本地任务卸载比率 $\boldsymbol{\beta}$ 和边缘服务器计算资源分配 $\boldsymbol{F}^{e}$,优化问题 P4.0 转化为

$$\begin{aligned}&\text{P4.2}:\min_{\boldsymbol{W},\boldsymbol{\varphi}}\sum_{k=1}^{K}\varepsilon_k T_k(\boldsymbol{w}_k,\boldsymbol{\varphi})\\&\text{s.t. }\lvert\varphi_n\rvert=1,n=1,2,\cdots,N\end{aligned}\tag{4.30}$$

求解问题 P4.2 存在两个难点:第一,式(4.13)中的最大化算子导致的目标函数的分段形式很难处理。第二,目标函数为多个分数函数的和的形式,而且问题 P4.2 为关于 $\boldsymbol{W}$ 和 $\boldsymbol{\varphi}$ 的非凸问题,难以处理。为了克服这两个难点,下面介绍问题 P4.2 的详细求解过程。

1. 问题转化

将问题 P4.2 中目标函数的分数和形式转化为易处理的形式。首先,对于问题 P4.1 的最优解,使得边缘计算卸载时间和本地计算时间相等,即式 $T_k=T_k^{l}=T_k^{e}$ 成立。通过移除常数项,并使用 T_k^{e} 替代 T_k,优化问题 P4.2 可以重构为

$$\begin{aligned}&\text{P4.2}-T1:\min_{\boldsymbol{W},\boldsymbol{\varphi}}\sum_{k=1}^{K}\frac{\varepsilon_k\beta_k D_k}{R_{s,k}(\boldsymbol{w}_k,\boldsymbol{\varphi})}\\&\text{s.t. }C1:\frac{\varepsilon_k\beta_k D_k}{R_{\mathrm{D},k}}\leqslant\mu_k,\ k=1,2,\cdots K\\&C2:\lvert\varphi_n\rvert=1,n=1,2,\cdots,N\end{aligned}\tag{4.31}$$

基于优化问题 P4.2-$T1$,优化多用户检测矩阵 $\boldsymbol{W}$ 和 IRS 的相移参数 $\boldsymbol{\varphi}$ 等价于最大化用户安全速率 $R_{s,k}$。由式(4.9)和式(4.10)可知,窃听者的速率与 $\boldsymbol{W}$ 和 $\boldsymbol{\varphi}$ 不相关,因此,最大化安全速率 $R_{s,k}$ 等价于最大速率 $R_{\mathrm{D},k}$。

通过引入辅助变量 $\boldsymbol{\mu}$ 作为问题 P4.2-$T1$ 目标函数的上界,并用 $R_{\mathrm{D},k}$ 代替 $R_{s,k}$,消除不相关量,优化问题 P4.2-$T1$ 可以转化为如下等价形式:

$$\begin{aligned}&\text{P4. 2}-T2: \min_{\boldsymbol{\mu},\boldsymbol{W},\boldsymbol{\varphi}} \sum_{k=1}^{K} \mu_k \\ &\text{s. t. } \ C1: \frac{\varepsilon_k \beta_k D_k}{R_{\mathrm{D},k}} \leqslant \mu_k,\ k=1,2,\cdots K \\ &\qquad C2: |\varphi_n| = 1, n=1,2,\cdots,N\end{aligned} \tag{4.32}$$

为了求解问题 P4. 2–$T2$，提出如下命题：

【命题 4.1】 假设($\boldsymbol{\mu}^*,\boldsymbol{W}^*,\boldsymbol{\varphi}^*$)是问题 P4. 2–$T2$ 的解，存在 $\boldsymbol{\nu}^*=[\nu_1,\nu_2,\cdots,\nu_K]$，当 $\boldsymbol{\nu}=\boldsymbol{\nu}^*$、$\boldsymbol{\mu}=\boldsymbol{\mu}^*$ 时，使($\boldsymbol{W}^*,\boldsymbol{\varphi}^*$)满足问题 P4. 2–$T3$ 的 KKT 条件，其中问题 P4. 2–$T3$ 为

$$\begin{aligned}&\text{P4. 2}-T3: \min_{\boldsymbol{W},\boldsymbol{\varphi}} \sum_{k=1}^{K} \nu_k [\varepsilon_k \beta_k D_k - \mu_k R_{\mathrm{D},k}(\boldsymbol{w}_k,\boldsymbol{\varphi})] \\ &\qquad \text{s. t. } |\varphi_n| = 1, n=1,2,\cdots,N\end{aligned} \tag{4.33}$$

式中

$$\begin{cases}\nu_k = \dfrac{1}{R_{\mathrm{D},k}(\boldsymbol{w}_k^*,\boldsymbol{\theta}^*)}, k=1,2,\cdots,K \\ \mu_k = \dfrac{\varepsilon_k \beta_k \mathrm{D}_k}{R_{\mathrm{D},k}(\boldsymbol{w}_k^*,\boldsymbol{\theta}^*)},\ k=1,2,\cdots,K\end{cases} \tag{4.34}$$

相应地，假设($\boldsymbol{W}^*,\boldsymbol{\varphi}^*$)是问题 P4. 2–$T3$ 的解，ν_k、μ_k 满足式(4. 32)，当 $\boldsymbol{\nu}=\boldsymbol{\nu}^*$、$\boldsymbol{\mu}=\boldsymbol{\mu}^*$ 时，($\boldsymbol{\mu}^*,\boldsymbol{W}^*,\boldsymbol{\varphi}^*$)也是问题 P4. 2–$T2$ 与拉格朗日乘子 $\boldsymbol{\nu}$ 相关的解。

证明　优化问题 P4. 2–$T2$ 的拉格朗日对偶函数为

$$L(\boldsymbol{\mu},\boldsymbol{\nu},\boldsymbol{W},\boldsymbol{\varphi}) = \sum_{k=1}^{K} \mu_k + \sum_{k=1}^{K} \nu_k [\varepsilon_k \beta_k D_k - \mu_k R_{\mathrm{D},k}(\boldsymbol{w}_k,\boldsymbol{\varphi})] \tag{4.35}$$

式中，$\nu_k \geqslant 0$，是拉格朗日乘子。假设($\boldsymbol{\mu}^*,\boldsymbol{W}^*,\boldsymbol{\varphi}^*$)为问题 P4. 2–$T2$ 的解，存在 $\boldsymbol{\mu}^*$ 使($\boldsymbol{\mu}^*,\boldsymbol{W}^*,\boldsymbol{\varphi}^*$)满足如下 KKT 条件：

$$\frac{\partial L}{\partial \varphi_n} = -\nu_k^* \mu_k^* \nabla R_{\mathrm{D},k}(\boldsymbol{w}_k^*,\boldsymbol{\varphi}^*) = 0, n=1,2,\cdots,N \tag{4.36}$$

$$\frac{\partial L}{\partial w_k} = -\nu_k^* \mu_k^* \nabla R_{\mathrm{D},k}(\boldsymbol{w}_k^*,\boldsymbol{\varphi}^*) = 0, k=1,2,\cdots,K \tag{4.37}$$

$$\frac{\partial L}{\partial \mu_k} = 1-\nu_k^* R_{\mathrm{D},k}(\boldsymbol{w}_k^*,\boldsymbol{\varphi}^*) = 0, k=1,2,\cdots,K \tag{4.38}$$

$$\nu_k^* [\varepsilon_k \beta_k D_k - \mu_k^* R_{\mathrm{D},k}(\boldsymbol{w}_k^*,\boldsymbol{\varphi}^*)] = 0, k=1,2,\cdots,K \tag{4.39}$$

$$\varepsilon_k \beta_k D_k - \mu_k^* R_{\mathrm{D},k}(\boldsymbol{w}_k^*,\boldsymbol{\varphi}^*) \leqslant 0, k=1,2,\cdots,K \tag{4.40}$$

$$\nu_k^* \geqslant 0, k=1,2,\cdots,K \tag{4.41}$$

$$|\varphi_n^*| = 1, n=1,2,\cdots,N \tag{4.42}$$

由于 $R_{\mathrm{D},k}>0$ 且 $\nu_k^* \geqslant 0$，因此根据式(4. 36)可得，ν_k^* 的计算式为

$$\nu_k^* = \frac{1}{R_{\mathrm{D},k}(\boldsymbol{w}_k^*, \boldsymbol{\varphi}^*)}, k=1,2,\cdots,K \tag{4.43}$$

根据式(4.37),μ_k^* 的计算式为

$$\mu_k^* = \frac{\varepsilon_k \beta_k D_k}{R_{\mathrm{D},k}(\boldsymbol{w}_k^*, \boldsymbol{\varphi}^*)}, k=1,2,\cdots,K \tag{4.44}$$

此外,当 $\boldsymbol{\nu}=\boldsymbol{\nu}^*$、$\boldsymbol{\mu}=\boldsymbol{\mu}^*$ 时,式(4.34)、式(4.35)和式(4.36)是问题 P4.2-T3 的 KKT 条件,即($\boldsymbol{W}^*, \boldsymbol{\varphi}^*$)满足问题 P4.2-$T$3 的 KKT 条件。因此,命题 4.1 中的第一个结论成立。同时,根据相同的过程可以容易地证明第二个结论,此处省略证明过程。至此,命题 4.1 的证明完成。

将问题 P4.2-T1 转化为问题 P4.2-T3 中参数减法形式,可分为两步求解[139]。首先,在给定 $\boldsymbol{\mu}$ 和 $\boldsymbol{\nu}$ 的情况下,通过优化问题 P4.2-T3 能够获得 $\boldsymbol{W}$ 和 $\boldsymbol{\varphi}$ 的解。其次,采用改进的牛顿法更新 $\boldsymbol{\mu}$ 和 $\boldsymbol{\nu}$,直到算法收敛。ν_k 和 μ_k 的更新过程如下:

$$F_k(\nu_k) = \nu_k R_{\mathrm{D},k}(\boldsymbol{w}_k^*, \boldsymbol{\varphi}^*) - 1, k=1,2,\cdots,K \tag{4.45}$$

$$J(\mu_k) = \mu_k R_{\mathrm{D},k}(\boldsymbol{w}_k^*, \boldsymbol{\varphi}^*) - \varepsilon_k \beta_k D_k, k=1,2,\cdots,K \tag{4.46}$$

然后在表 4.2 中详细描述 P4.2-T1 问题的更新过程。

接下来,关注问题 P4.2-T3 的求解方案。如果给定 $\boldsymbol{\mu}$、$\boldsymbol{\nu}$ 和卸载比率 $\boldsymbol{\beta}$,问题 P4.2-T3 可视为如下所示的加权和率最大化问题。

$$\begin{aligned} &\text{P4.2-}T\text{3.1}: \max_{\boldsymbol{W}, \boldsymbol{\varphi}} \sum_{k=1}^{K} \nu_k \mu_k R_{\mathrm{D},k}(\boldsymbol{w}_k, \boldsymbol{\varphi}) \\ &\text{s.t.}\ |\varphi_n| = 1, \forall n \in \{1,2,\cdots,N\} \end{aligned} \tag{4.47}$$

2. 优化多用户检测矩阵

给定 $\boldsymbol{\theta}$,优化 $\boldsymbol{W}$ 的子问题简化为传统的和速率最大化问题。这一问题在许多文献中被广泛研究。解决该子问题的有效方法之一为加权最小均方差法[140],并且 $\boldsymbol{w}_k$ 的相应更新规则如下:

$$\boldsymbol{w}_k = \sqrt{P_\mathrm{t}}\, I^{-1}(\boldsymbol{h}_{\mathrm{A},k} + \boldsymbol{G\Phi h}_{\mathrm{I},k}) \tag{4.48}$$

式中

$$I = P_\mathrm{t} \sum_{k=1}^{K} (\boldsymbol{h}_{\mathrm{A},k} + \boldsymbol{G\Phi h}_{\mathrm{I},k})(\boldsymbol{h}_{\mathrm{A},k} + \boldsymbol{G\Phi h}_{\mathrm{I},k})^\mathrm{H} + \sigma^2 \boldsymbol{I}_M \tag{4.49}$$

3. 优化 IRS 相移参数

当给定多用户检测矩阵 $\boldsymbol{W}$ 时,优化问题 P4.2-T3 可以重写为

$$\begin{aligned} &\text{P4.2-}T\text{3.2}: \max_{\boldsymbol{\varphi}} f(\boldsymbol{\varphi}) = \sum_{k=1}^{K} \nu_k \mu_k R_{\mathrm{D},k}(\boldsymbol{w}_k, \boldsymbol{\varphi}) \\ &\text{s.t.}\ |\varphi_n| = 1, \forall n \in \{1,2,\cdots,N\} \end{aligned} \tag{4.50}$$

问题 P4.2-T3.2 的目标函数是连续可微的,且 $\boldsymbol{\varphi}$ 的约束集是一个复流形。

由于黎曼共轭梯度法只需要一阶导数信息,不需要任何外部参数,而且黎曼共轭梯度法具有存储量小、收敛节约和稳定性高的优点,此外黎曼共轭梯度法在 IRS 辅助的单用户 MISO 系统中展现出良好的性能[131,141],因此采用黎曼共轭梯度法求解问题 P4.2-T3.2,具体过程如下:

(1)黎曼梯度的计算

优化问题 P4.2-T3.2 中目标函数的黎曼梯度为

$$\mathbf{grad}_{\mathrm{R}}=\nabla f(\boldsymbol{\varphi})-\mathrm{Re}\{\nabla f(\boldsymbol{\varphi})\circ\boldsymbol{\varphi}^{*}\}\circ\boldsymbol{\varphi} \tag{4.51}$$

即黎曼梯度为欧式梯度$\nabla f(\boldsymbol{\varphi})$在复流形上的投影,其中,欧式梯度$\nabla f(\boldsymbol{\varphi})$为

$$\nabla f(\boldsymbol{\varphi})=\sum_{k=1}^{K}2\nu_k\mu_k A_k \tag{4.52}$$

$$A_k=\frac{\sum_{i=1}^{K}\boldsymbol{b}_{i,k}^{\mathrm{H}}\boldsymbol{b}_{i,k}\boldsymbol{\varphi}+\sum_{k=1}^{K}\boldsymbol{b}_{i,k}^{\mathrm{H}}c_{i,k}^{*}}{\sum_{i=1}^{K}\left|\boldsymbol{\varphi}^{\mathrm{H}}\boldsymbol{b}_{i,k}^{\mathrm{H}}+c_{i,k}\right|^{2}+\sigma^{2}}-\frac{\sum_{i=1,i\neq k}^{K}\boldsymbol{b}_{i,k}^{\mathrm{H}}\boldsymbol{b}_{i,k}\boldsymbol{\varphi}+\sum_{k=1,i\neq k}^{K}\boldsymbol{b}_{i,k}^{\mathrm{H}}c_{i,k}^{*}}{\sum_{i=1,i\neq k}^{K}\left|\boldsymbol{\varphi}^{\mathrm{H}}\boldsymbol{b}_{i,k}^{\mathrm{H}}+c_{i,k}\right|^{2}+\sigma^{2}} \tag{4.53}$$

$$\boldsymbol{b}_{i,k}=\boldsymbol{w}_k^{\mathrm{H}}\boldsymbol{G}\mathrm{diag}(\boldsymbol{h}_{1,k}),c_{i,k}=\boldsymbol{w}_k^{\mathrm{H}}\boldsymbol{h}_{\mathrm{A},k} \tag{4.54}$$

(2)搜索方向的设置

搜索方向为黎曼梯度 $\mathbf{grad}_{\mathrm{R}}$的共轭切向量方向,其可以表示为

$$\boldsymbol{d}=-\mathbf{grad}_{\mathrm{R}}+\zeta_1[\tilde{\boldsymbol{d}}-\mathrm{Re}(\boldsymbol{d}\circ\boldsymbol{\varphi}^{*})\circ\boldsymbol{\varphi}] \tag{4.55}$$

式中,ζ_1表示共轭梯度的更新参数;$\tilde{\boldsymbol{d}}$表示上次更新的搜索方向。

(3)回缩

为了获得 φ_n 的解,将切向量再投影回复流形,且 φ_n 的解表示为

$$\varphi_n\leftarrow\frac{(\boldsymbol{\varphi}+\zeta_2\boldsymbol{d})_n}{|(\boldsymbol{\varphi}+\zeta_2\boldsymbol{d})_n|} \tag{4.56}$$

式中,ζ_2 表示 Armijo 更新步长。

给定计算设计,优化通信设计多用户检测矩阵 $\boldsymbol{W}$ 和 IRS 的相移参数 $\boldsymbol{\varphi}$,其详细优化过程如算法 4.2 所示(表 4.2)。

4.4.3　算法描述及分析

表 4.3 描述了解决问题 P4.0 的完整算法。首先,将优化问题 P4.0 分解为计算设计子问题 P4.1 和通信设计子问题 P4.2。其次,根据算法 4.1 更新计算设计变量 $\boldsymbol{\beta}$ 和 $\boldsymbol{F}^{\mathrm{e}}$,根据算法 4.2 更新通信设计变量 $\boldsymbol{W}$ 和 $\boldsymbol{\varphi}$。

表 4.2 通信设计优化算法

算法 4.2 给定计算设计 $\boldsymbol{\beta}$ 和 $\boldsymbol{F}^{\mathrm{e}}$，优化通信设计 $\boldsymbol{W}$ 和 $\boldsymbol{\varphi}$

输入：D_k、$\boldsymbol{F}^{\mathrm{e}}$、$P_{\mathrm{t}}$、$\boldsymbol{h}_{\mathrm{A},k}$、$\boldsymbol{h}_{\mathrm{I},k}$、$\boldsymbol{G}$、$\sigma^2$、$\varepsilon_k$；

输出：给定 $\boldsymbol{\beta}$ 和 $\boldsymbol{F}^{\mathrm{e}}$，输出最优 $\boldsymbol{W}^*$ 和 $\boldsymbol{\varphi}^*$；

1. 初始化

初始化 $i_2=0,\eta\in(0,1)$，$\boldsymbol{\varphi}^{(0)}$ 满足问题 P4.0 中的约束 $C4$；

根据式(4.10)计算 $R_{s,k}^{(0)}$，式(4.47)计算 $\boldsymbol{W}^{(0)}$；

根据式(4.33)计算 $\boldsymbol{\nu}^{(0)}$ 和 $\boldsymbol{\mu}^{(0)}$；

2. 优化 $\boldsymbol{W}$ 和 $\boldsymbol{\varphi}$

Repeat

· 采用 WMMSE 方法根据式(4.47)更新 $\boldsymbol{W}^{(i_1+1)}$；

· 采用黎曼共轭梯度法更新 $\boldsymbol{\varphi}^{(i_1+1)}$；

· 采用改进的牛顿法根据如下规则更新 $\boldsymbol{\mu}^{(i_1+1)}$ 和 $\boldsymbol{\nu}^{(i_1+1)}$。

$$\nu_k^{(i_2+1)}=\nu_k^{(i_2)}-\frac{\eta^{\mathrm{j}(i_2+1)}F_k[\nu_k^{(i_2)}]}{R_{\mathrm{D},k}[\boldsymbol{w}_k^{(i_2+1)},\boldsymbol{\varphi}^{(i_2+1)}]}$$

$$\mu_k^{(i_2+1)}=\mu_k^{(i_2)}-\frac{\eta^{\mathrm{j}(i_2+1)}J_k[\mu_k^{(i_2)}]}{R_{\mathrm{D},k}[\boldsymbol{w}_k^{(i_2+1)},\boldsymbol{\varphi}^{(i_2+1)}]}$$

Until 满足如下条件：

$$\nu_k^{(i_2)}R_{\mathrm{D},k}[\boldsymbol{w}_k^{(i_2)},\boldsymbol{\varphi}^{(i_2)}]-1=0$$

$$\mu_k^{(i_2)}R_{\mathrm{D},k}[\boldsymbol{w}_k^{(i_2)},\boldsymbol{\varphi}^{(i_2)}]-\varepsilon_k\beta_kD_k=0$$

3. 输出最优 $\boldsymbol{W}^*$ 和 $\boldsymbol{\varphi}^*$

$$\boldsymbol{W}^*\leftarrow\boldsymbol{W}^{(i_2)},\boldsymbol{\varphi}^*\leftarrow\boldsymbol{\varphi}^{(i_2)}$$

表 4.3 联合优化通信设计和计算设计算法

算法 4.3 联合优化计算设计和通信设计

输入：D_k、C_k、$F_{\mathrm{total}}^{\mathrm{e}}$、$P_{\mathrm{t}}$、$\boldsymbol{h}_{\mathrm{A},k}$、$\boldsymbol{h}_{\mathrm{I},k}$、$\boldsymbol{G}$、$\sigma^2$、$\varepsilon_k$、$B$、$\varepsilon$

输出：$\boldsymbol{W}^*$、$\boldsymbol{\varphi}^*$、$\boldsymbol{\beta}^*$ 和 $\boldsymbol{F}^{\mathrm{e}*}$

1. 初始化

初始化 $i_3=0,\varepsilon_3^{(0)}=1$，$\boldsymbol{\varphi}^{(0)}$ 满足问题 P4.0 中的约束 $C4$；

根据式(4.10)计算 $R_{s,k}^{(0)}$，根据式(4.47)计算 $\boldsymbol{W}^{(0)}$；

根据式(4.33)计算 $\boldsymbol{\nu}^{(0)}$ 和 $\boldsymbol{\mu}^{(0)}$。

表 4.3(续)

算法 4.3 联合优化计算设计和通信设计
2. 给定 $\boldsymbol{W}$ 和 $\boldsymbol{\varphi}$,优化 $\boldsymbol{\beta}$ 和 $\boldsymbol{F}^{e}$ 根据算法 4.1 计算 $\boldsymbol{\beta}$ 和 $\boldsymbol{F}^{e}$。 3. 给定 $\boldsymbol{\beta}$ 和 $\boldsymbol{F}^{e}$,优化 $\boldsymbol{W}$ 和 $\boldsymbol{\varphi}$ 根据算法 4.2 计算 $\boldsymbol{W}$ 和 $\boldsymbol{\varphi}$。 4. 收敛性判断 $\varepsilon_3^{(i_3)}=\dfrac{\lvert \mathrm{obj}[\boldsymbol{\beta}^{(i_3+1)},\boldsymbol{F}^{e(i_3+1)},\boldsymbol{W}^{(i_3+1)},\boldsymbol{\varphi}^{(i_3+1)}]-\mathrm{obj}[\boldsymbol{\beta}^{(i_3)},\boldsymbol{F}^{e(i_3)},\boldsymbol{W}^{(i_3)},\boldsymbol{\varphi}^{(i_3)}]\rvert}{\mathrm{obj}[\boldsymbol{\beta}^{(i_3+1)},\boldsymbol{F}^{e(i_3+1)},\boldsymbol{W}^{(i_3+1)},\boldsymbol{\varphi}^{(i_3+1)}]}$ if $\varepsilon_3^{(i_3)}>\varepsilon$ then $i_3=i_3+1$ 　　执行步骤 2 end if

接下来分析该算法的计算复杂度。算法 4.3 的计算复杂度主要由步骤 2 中的算法 4.1 和步骤 3 中的算法 4.2 决定。在算法 4.1 中,计算复杂度主要由计算边缘服务器资源分配 $\boldsymbol{F}^{e}$ 决定,其计算复杂度为 $O\{i_1^{\max}\log_2[(\lambda_u-\lambda_l)/\varepsilon]K\}$[89]。在算法 4.2 中,计算复杂度由计算多用户检测矩阵 $\boldsymbol{W}$ 和 IRS 的相移参数 $\boldsymbol{\varphi}$ 决定,其中,使用 WMMSE 方法计算 $\boldsymbol{W}$ 的计算复杂度为 $O(KM^3)$,使用黎曼共轭梯度法计算 $\boldsymbol{\varphi}$ 的复杂度为 $O(K^2N^2)$。因此,算法 4.3 的总计算复杂度为 $O\{i_1^{\max}\log_2[(\lambda_u-\lambda_l)/\varepsilon]K+KM^3+K^2N^2\}$,分别与用户数、接入点天线数和 IRS 的反射元数量相关。

4.5　仿真结果与分析

通过数值仿真对所提方案的性能进行评估。本章研究了 IRS 辅助的多用户安全 MEC 网络,该网络由 1 个接入点、1 个 IRS、1 个窃听者和 K 个移动设备组成。仿真场景采用二维坐标系标记 MEC 系统位置信息,如图 4.3 所示,接入点、IRS 和窃听者的坐标分别为(0 m、0 m)、(200 m、0 m)和(100 m、60 m)。移动设备随机分布在圆心为(200 m, 30 m),半径为 10 m 的圆内。

假设接入点与移动设备之间的直接链路信道服从瑞利衰落,IRS 辅助链路服从莱斯衰落。AP 和 IRS 的阵列单元分别为半波长均匀线性阵列和半波长均匀平面阵列。因此,信道 $\boldsymbol{G}$ 和 $\boldsymbol{h}_{1,k}$ 模型分别为

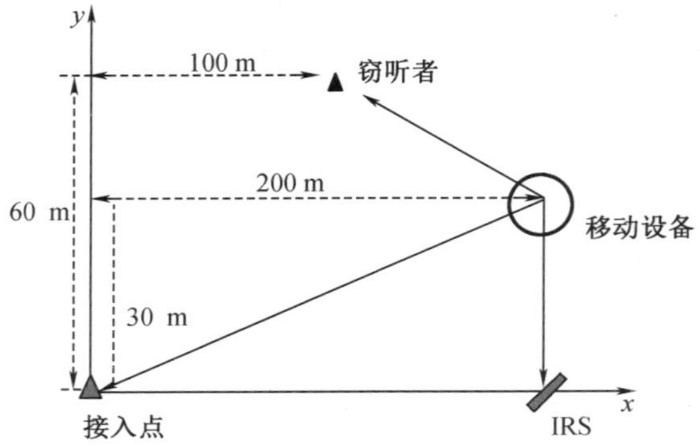

图 4.3 IRS 辅助安全计算卸载仿真场景

$$\boldsymbol{G}=L_1\left[\sqrt{\frac{\xi_1}{\xi_1+1}}\boldsymbol{\alpha}_N(\vartheta)\boldsymbol{\alpha}_M(\varphi)+\sqrt{\frac{1}{\xi_1+1}}\widetilde{\boldsymbol{G}}\right] \tag{4.57}$$

$$\boldsymbol{h}_{\mathrm{I},k}=L_{\mathrm{I},k}\left[\sqrt{\frac{\xi_1}{\xi_1+1}}\boldsymbol{\alpha}_N(\zeta_k)+\sqrt{\frac{1}{\xi_1+1}}\widetilde{\boldsymbol{h}}_{I,k}\right] \tag{4.58}$$

式中,L_1、$L_{\mathrm{I},k}$表示相应的路径损失;ξ_1 表示莱斯因子并设置 $\xi_1=10$;$\boldsymbol{\alpha}$ 表示导向矢量;ϑ、φ、ζ_k 表示角度参数;$\widetilde{\boldsymbol{G}}$、$\widetilde{\boldsymbol{h}}_{\mathrm{I},k}$ 表示非视距链路部分且服从分布 CN(0,1)。此外,MEC 网络的其他仿真参数如表 4.4 所示[89]。

表 4.4 IRS 辅助安全计算卸载仿真参数表

参数意义	设定值
移动设备任务大小 D_k/KB	[200,350]
计算每比特任务 CPU 转数 C_k/cycle	750
本地计算能力 f_k^{l}/(cycle/s)	350×10^9
系统带宽 B/MHz	1
接入点最大发射功率 P_{t}/dBm	23
复高斯白噪声方差 σ^2/W	10^{-9}
$\boldsymbol{G}$ 和 $\boldsymbol{h}_{\mathrm{I},k}$ 的路径损失/dB	35.6+22.0lg d
$\boldsymbol{h}_{\mathrm{A},k}$ 的路径损失/dB	32.6+36.7lg d

为了评估本章提出的 IRS 辅助的安全 MEC 网络的性能,本节对比了如下 3 种方案:

(1)无 IRS 方案(without IRS)

不考虑 IRS 辅助卸载环节。对卸载比率、边缘计算资源分配和多用户检测矩阵进行优化,使整体延迟最小化。

(2)随机相位 IRS 方案(rand-IRS-phase)

随机生成 IRS 相位,不进行优化。对卸载比率、边缘计算资源分配和多用户检测矩阵进行优化,使整体延迟最小化。

(3)IRS 辅助优化方案(optimal-IRS-phase)

采用本章提出的算法对 IRS 相移参数、本地任务卸载比率、边缘计算资源分配和多用户检测矩阵进行联合优化,使整体延迟最小化。

图 4.4 验证了 IRS 辅助 MEC 系统中本章所提出方案的收敛性。图 4.4 对比了不同 IRS 反射元数量情况下,K 个移动设备的加权时延和与迭代次数之间的关系。从图 4.4 中可以看出,所提出的算法可以在 5 次迭代内收敛,这验证了其在实际应用中的可行性。随着 IRS 反射元数量的增加,IRS 辅助的安全 MEC 系统的收敛速度可能会稍慢。这是因为优化变量随着 IRS 反射元的数量的增加而增加,较多的优化变量导致较长的计算时间[89]。

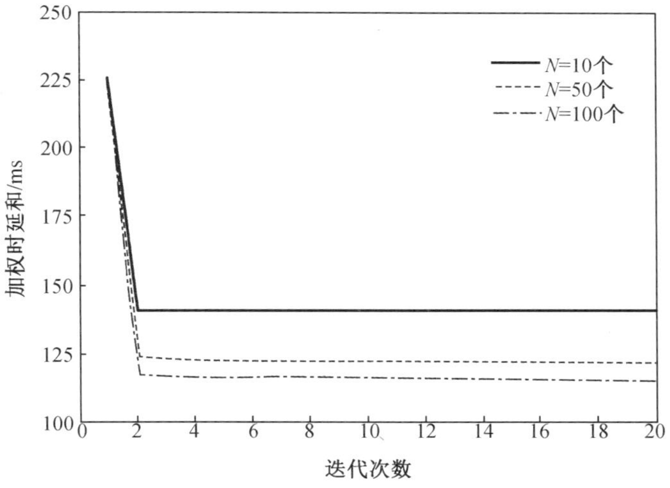

图 4.4　本书提出算法收敛性

图 4.5 研究了 IRS 反射元数量对所有移动设备加权时延和的影响。首先,发现随机相位 IRS 方案与无 IRS 方案相比,性能较优。随着 IRS 反射元数量的增加,随机相位 IRS 方案与无 IRS 方案之间性能差距变化较小。这表明在不优化相移参数的情况下,IRS 的部署可以提高计算卸载的 SINR,但 IRS 辅助计算卸载性能提升比较有限。IRS 辅助优化方案与其他两种方案相比,性能提升明显。随着 IRS 反射元数量的增加,其他两种对比方案与 IRS 辅助优化方案之间性能差距越明显。这意味着 IRS 相移参数的复杂设计增加了波束赋形增益,更多的 IRS 反射元将带来更大的增益。根据以上分析,IRS 的部署对于降低安全 MEC 系统中的时延是有效的。

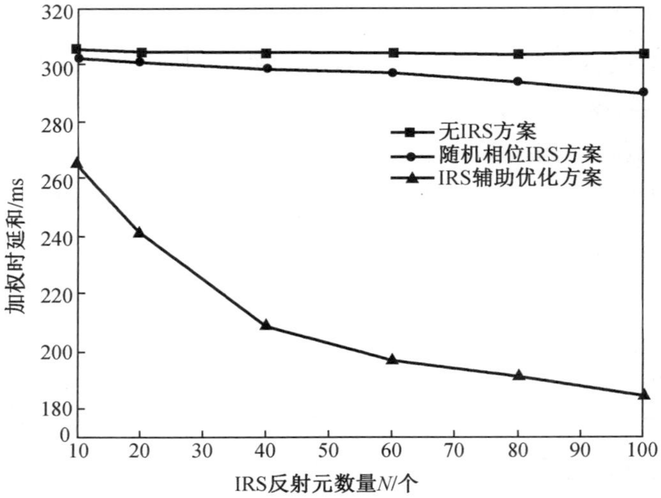

图 4.5　IRS 反射元个数对加权时延和的影响

接下来分析边缘服务器计算资源对移动设备加权时延和的影响。如图 4.6 所示，在开始时，3 种方案的总时延都随着边缘服务器计算资源的增加而急剧下降。当边缘服务器计算资源 $F_{\text{total}}^{\text{e}}$ 增加 2×10^{10}cycle/s 时，随着边缘服务器计算资源的增加，移动设备加权时延和几乎不再减小，这是因为当 $F_{\text{total}}^{\text{e}}$ 较小时，边缘服务器计算资源有限，无法充分满足任务卸载需求，加权时延和受本地计算延迟影响较大；而当 $F_{\text{total}}^{\text{e}}$ 较大时，边缘服务器计算资源充足，能够充分满足移动设备任务卸载需求，此时加权时延和受卸载延迟影响较大。

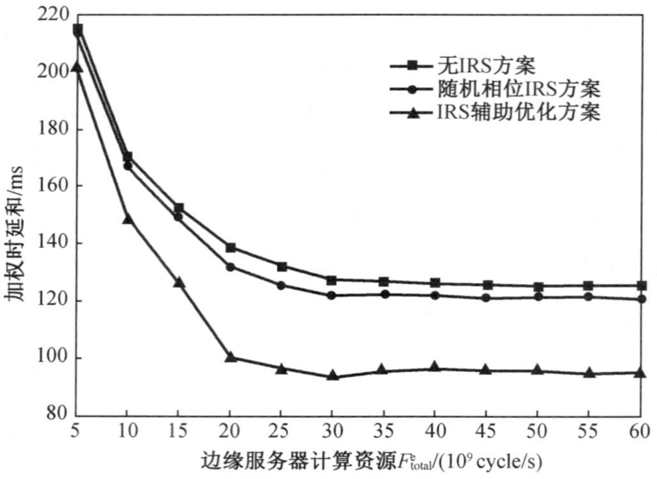

图 4.6　边缘服务器计算资源对加权时延和的影响

图 4.7 分析了移动设备的部署位置对加权时延和的影响。无 IRS 方案和随机相位 IRS 方案的性能非常接近,加权时延和比 IRS 辅助优化方案大得多,主要是受到与窃听者相关的安全卸载速率的限制,而且优化 IRS 相位的性能增益明显大于随机相位的情况。IRS 辅助优化方案的加权时延和随着移动设备的坐标从 60 m 增加到 100 m 而增加。这是因为随着移动设备坐标的改变,移动设备距离窃听者越来越近,从而导致安全卸载速率的急剧下降,进一步导致卸载延迟的增加。当移动设备的坐标从 100 m 增加到 200 m 时,加权时延和随着移动设备坐标的增加而减小,这是由于部署的 IRS 提升了波束赋形增益和安全卸载速率。当移动设备的坐标进一步增加时,由于接入点和移动设备之间距离相关的路径损耗增大,加权时延和继续增加。

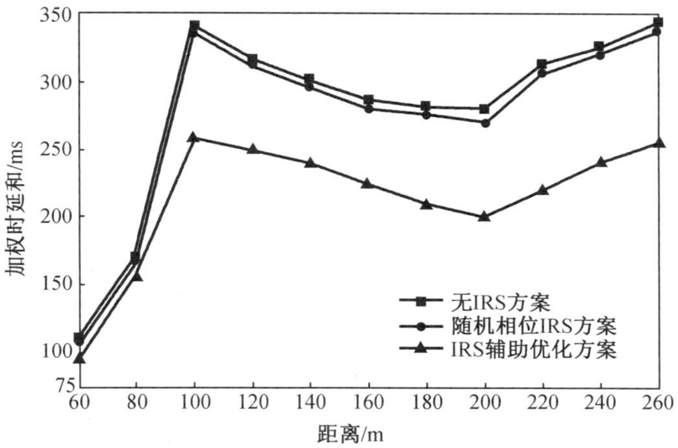

图 4.7　移动设备位置对加权时延和的影响

图 4.8 显示了 IRS 辅助安全 MEC 系统中移动设备数量对加权时延和的影响。从图中可以看出发现加权延迟和随着移动设备数量的增加而增加。这主要由两个原因引起:第一,随着移动设备数量的增加,边缘服务器计算资源保持不变,分配给每个移动设备的边缘计算资源减少。第二,随着移动设备数量的增加,IRS 的波束成形增益降低。前者可以通过增加边缘计算资源来解决,而后者可以通过部署多个 IRS 来解决。因此,IRS 辅助优化方案性能明显优于无 IRS 方案和随机相位 IRS 方案。数值仿真结果验证了 IRS 辅助安全边缘计算方案的有效性,进一步改善了 MEC 网络的性能。

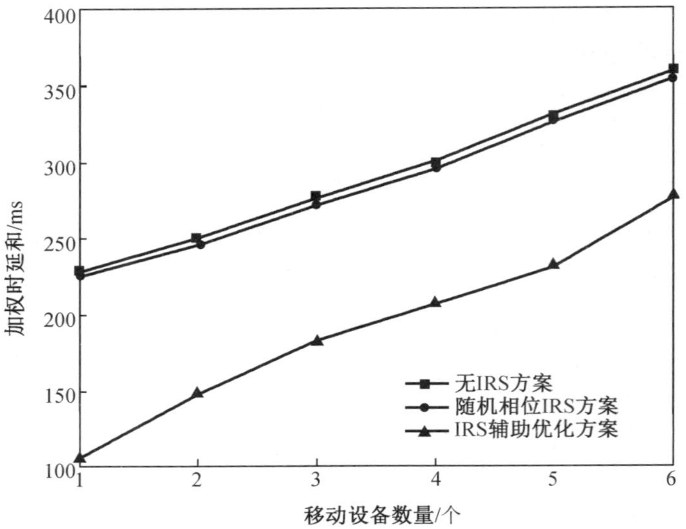

图 4.8　移动设备数量对加权时延和的影响

4.6　本章小结

本章首先提出了物联网中 IRS 辅助的多用户 MEC 系统安全边缘计算卸载模型。该模型包括一个接入点、一个窃听者和多个移动设备。通过合理部署 IRS 可提升移动设备卸载效率和卸载安全性。其次,定义了以最小化设备的加权时延和为目标的计算卸载和资源分配优化问题。在满足边缘服务器计算资源和 IRS 参数约束的条件下,通过联合优化本地任务卸载比率、边缘服务器计算资源分配、多用户检测矩阵和 IRS 相移参数,使所有移动设备的加权时延和最小化。为了求解该问题,将原始问题转化为计算设计子问题和通信设计子问题分别求解。数值仿真结果表明,在多用户 MEC 系统中,IRS 可以有效提高卸载效率和卸载安全性,并缩短任务处理延迟,验证了所提方案的有效性。

第5章 IRS辅助的无线充电协作边缘计算和通信资源分配

通过在MEC网络中部署IRS可有效改善无线卸载链路质量,保证卸载数据安全,提升MEC计算性能。然而,为了满足新的应用需求,需要在物联网中部署大量传感器设备以收集数据。这些设备通常使用电池供电,频繁地更换电池或者充电耗费大量人力和物力。此外,由于无线流量的突发性,物联网中存在大量闲置的计算资源。基于以上考虑,本章研究了IRS辅助的无线充电协作边缘计算卸载。本章首先提出了IRS辅助的无线充电协作计算卸载模型,使移动设备通过无线充电进行本地计算和任务卸载,且使远端设备(far device,FD)通过近端设备(near device,ND)的协作来提升自己的卸载效率,其次定义了以最大化处理任务总比特数为目标的计算卸载和资源分配联合优化问题,并采用交替优化算法有效解决了该问题。

5.1 本章概述

物联网的高速发展带来大量新的应用,如自动驾驶、环境检测、智能放牧等。为了满足新的应用需求,需要在物联网中部署大量传感器设备以收集数据。传感器设备通常由容量有限的电池供电,因此,需要定期为其更换电池或者充电。然而,在严峻的大规模物联网环境下,频繁地更换电池或者充电耗费大量人力和物力。为了避免人工更换电池并以一种可持续的方式为传感器设备供电,基于射频信号的无线能量传输(WPT)技术(也称基于射频的能量采集(energy harvesting, EH)技术)是一种有前途的解决方案[57,142]。据相关文献报道,目前基于射频信号的WPT技术已经能够在几十米的距离上传输约几毫瓦的电力[143]。因此,基于射频信号的WPT技术适用于为物联网和无线传感器网络中的低功耗设备供电。

在实时物联网中,通常需要在线处理传感器收集的大量数据。受硬件条件的限制,多数传感器的计算、通信和存储能力有限,难以依靠自己的资源完成延迟敏感型或者计算密集型任务。为了充分发挥WPT技术和MEC网络的优势,研究者提出了新型

WPT-MEC 网络以实现物联网无线设备的可持续计算。通过在 WPT-MEC 网络中部署混合接入点(hybrid access point,HAP),不仅能作为能量发射器为无线设备充电,还能作为边缘服务器执行卸载任务[57-59,144-145]。虽然,WPT-MEC 网络能够有效解决能耗问题,平衡计算资源并降低时延,但由于任务通过无线链路卸载,在无线介质中受到衰减和衰落的影响,WPT-MEC 网络在实际应用中很难充分发挥作用,尤其当卸载链路存在障碍,计算任务无法成功卸载到边缘服务器上时。

IRS 作为一种新的技术,能够重构无线传播环境,提升无线传播的频谱效率和能量效率[146-149]。它可以智能地调节入射信号的相位和振幅,实现细粒度反射波束赋形,构建理想无线传播环境[11,150]。因此,在 WPT-MEC 网络中,合理部署和控制 IRS,既能够提高能量传输效率,又能够改善任务卸载率,提升移动设备的计算能力[151-153]。

尽管研究者对 WPT-MEC 网络进行了大量的研究,但多数工作关注集中式边缘服务器位于 HAP 的计算卸载场景。然而,当 HAP 不具备计算能力时,这种设计通常不适用于其他 WPT 计算卸载场景。此外,由于无线流量的突发性,物联网中多数智能设备资源处于闲置状态,该设计也没有充分利用周围终端用户丰富的计算资源。考虑 WPT 的广播特性,这些闲置设备也可以有效地从 HAP 获取能量。为了充分利用闲置计算资源,研究者提出协作计算卸载。所谓协作卸载,就是通过中间节点辅助无线设备(WD)完成任务的卸载或计算。根据协作节点的作用,协作节点可以中继 WD 的卸载任务,执行 WD 的部分卸载任务,或者既中继又执行 WD 的部分卸载任务[63-64]。因此,研究 IRS 辅助的 WPT-MEC 网络中的协作计算卸载方式是有意义的。

从通信角度出发,为改善无线链路质量,充分利用物联网中的闲置资源,实现移动设备可持续供能,本章提出一种 IRS 辅助的无线充电协作边缘计算卸载模型,进一步完善 MEC。本章的主要工作如下:第一,提出了一种 IRS 辅助的无线充电协作边缘计算模型。在该网络中通过部署 HAP 为无线设备提供可持续供能,利用 IRS 技术提高网络的能量传输和计算卸载效率,并通过协作卸载充分利用物联网中闲置设备的计算资源。第二,通过联合优化 IRS 的能量波束、卸载波束,无线设备的发射功率和本地计算频率,使 WD 的任务处理总比特数最大化。第三,设计了一种交替优化方法,解决处理任务总比特数最大化问题并进行数值仿真,验证 IRS 辅助的无线充电协作边缘计算方案的有效性。

5.2　IRS 辅助的无线充电协作边缘计算卸载模型

图 5.1 为 IRS 辅助的无线充电协作边缘计算卸载模型。该模型包含一个配置有边缘服务器的 HAP，一个具有 N 个反射元的 IRS 和两个位于不同位置的单天线无线设备，即近端设备(ND)和远端设备(FD)。HAP 能够通过发送射频信号进行信息传输，且能够为无线设备充电。为了解决物联网中大量传感设备频繁更换电池带来的成本高问题，采用混合接入点，既能进行信息传输，又能为传感设备充电。假设所有无线设备都不具有能量存储装置，需要回收 HAP 的射频信号能量来执行本地计算和任务卸载。

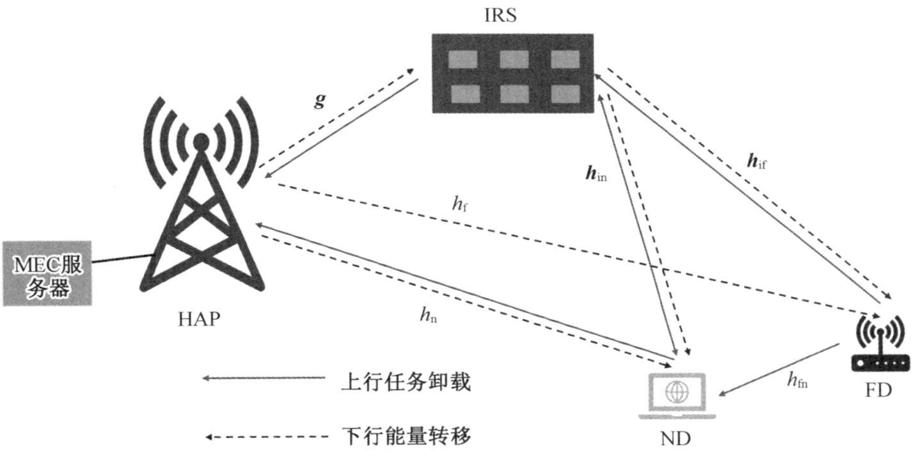

图 5.1　IRS 辅助的无线充电协作边缘计算卸载模型

为了充分利用物联网的闲置计算资源，假设 FD 的计算能量弱于 ND，且 FD 到 HAP 的距离大于 FD 到 ND 以及 ND 到 HAP 的距离。由于 ND 具有更好的计算能力和通信条件，ND 能够协作地执行 FD 卸载的任务或者将任务卸载到边缘服务器上执行，即 ND 既可以作为卸载过程中的中继节点，也可以作为卸载任务的辅助计算节点。此外，将 IRS 部署在 HAP 附近，可通过 IRS 入射信号相位获得更高的链路增益，从而提升能量传输和任务卸载的效率。

假设 MEC 网络的上行链路和下行链路之间的信道互易成立，并考虑一个时间帧 T 内所有信道为准静态衰落信道。HAP-IRS、HAP-FD、HAP-ND、IRS-FD、IRS-ND 和 FD-ND 的信道系数分别表示为 $\boldsymbol{g}\in\mathbb{C}^{1\times N}$、$h_{\mathrm{f}}$、$h_{\mathrm{n}}$、$\boldsymbol{h}_{\mathrm{if}}$、$\boldsymbol{h}_{\mathrm{in}}$ 和 h_{fn}，而且 HAP 通过先进的信

道估计方法能够获得完美的信道状态信息。定义 $\boldsymbol{\varphi}=[\varphi_1,\varphi_2,\cdots,\varphi_N]$，$\boldsymbol{\Phi}=\mathrm{diag}(\boldsymbol{\varphi})$ 表示 IRS 的相移矩阵，其中，$\varphi_n=a_n\mathrm{e}^{\mathrm{j}\theta_n}(n=1,2,\cdots,N)$，$a_n\in[0,1]$ 和 $\theta_n\in[0,2\pi]$ 分别表示 IRS 每一个元素的反射系数和相移。本章期望通过 IRS 辅助最大化反射信号，因此在接下来的分析中设置 $a_n=1$。此外，假设在 HAP 上有一个中央控制器来收集全局信道状态信息和卸载相关信息，这样，控制器能够协调能量获取和计算卸载。

在 IRS 辅助的 WPT-MEC 网络中，图 5.2 表示 IRS 辅助的无线充电协作卸载的完整时间块结构图。完整的时间块 T 被分为 3 个阶段：能量收获阶段、协作卸载阶段、边缘计算和结果获取阶段。在 t_0 时间段，HAP 向 ND 和 FD 充电。在 t_f 时间段，FD 将任务卸载到 ND 或者 HAP 上并进行本地计算。在 $t_{\mathrm{n}1}$、$t_{\mathrm{n}2}$ 时间段，ND 中继 FD 的卸载任务或者卸载自身任务并进行本地计算。由于边缘计算和结果获取阶段时间较短，本工作忽略不计。

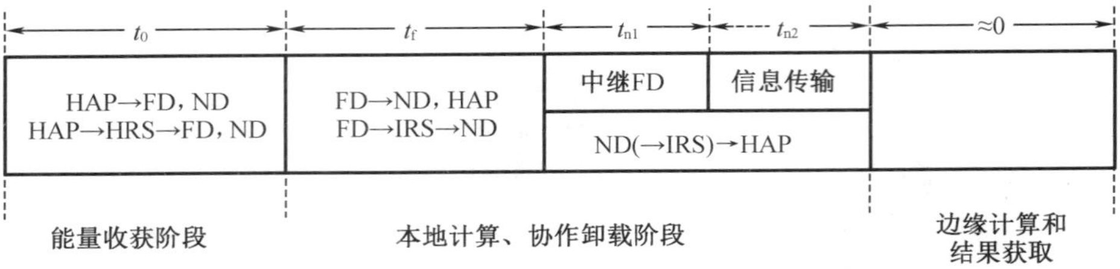

图 5.2　完整时间块结构图

5.2.1　能量收获阶段

第一阶段为 FD 和 ND 能量收获阶段，HAP 在时间 t_0 内以固定功率 P_0 发射能量为 FD 和 ND 充电。$s_0(t)$ 表示 HAP 发射的能量信号且 $\mathbb{E}[|s_0(t)|^2]=1$，则 FD 和 ND 接收到的信号可分别表示为

$$y_\mathrm{f}^{(0)}=(\boldsymbol{g}\boldsymbol{\Phi}_1\boldsymbol{h}_\mathrm{if}+h_\mathrm{f})\sqrt{P_0}s_0(t)+n_\mathrm{f}^{(0)} \tag{5.1}$$

$$y_\mathrm{n}^{(0)}=(\boldsymbol{g}\boldsymbol{\Phi}_1\boldsymbol{h}_\mathrm{in}+h_\mathrm{n})\sqrt{P_0}s_0(t)+n_\mathrm{n}^{(0)} \tag{5.2}$$

式中，$\boldsymbol{\Phi}_1=\mathrm{diag}(\boldsymbol{\varphi}_1)(\boldsymbol{\varphi}_1=[\varphi_{1,1},\varphi_{1,2},\cdots,\varphi_{1,N}])$，表示 IRS 在第一阶段的能量反射系数矩阵，而且 $\varphi_{1,n}\overset{\mathrm{d}}{=}\mathrm{e}^{\mathrm{j}\theta_{1,n}}$，$\theta_{1,n}$ 表示 IRS 第 n 个反射元的相位。$n_\mathrm{f}^{(0)}$ 和 $n_\mathrm{n}^{(0)}$ 分别表示 FD 和 ND 的接收端噪声。在不失一般性的前提下，FD 和 ND 均采用线性能量收集模式，因此，FD 和 ND 收获的能量可分别表示为

$$E_\mathrm{f}^{(1)}=\eta\,\mathbb{E}[|y_\mathrm{f}^{(0)}(t)|^2]t_0=\eta|\boldsymbol{g}\boldsymbol{\Phi}_1\boldsymbol{h}_\mathrm{if}+h_\mathrm{f}|^2P_0t_0 \tag{5.3}$$

$$E_\mathrm{n}^{(1)}=\eta\,\mathbb{E}[|y_\mathrm{n}^{(0)}(t)|^2]t_0=\eta|\boldsymbol{g}\boldsymbol{\Phi}_1\boldsymbol{h}_\mathrm{in}+h_\mathrm{n}|^2P_0t_0 \tag{5.4}$$

式中，$\eta\in(0,1]$，表示线性能量转换效率。

5.2.2　协作卸载阶段

在协作卸载阶段,FD 和 ND 使用收获的能量通过本地计算或者边缘卸载执行它们的任务。下面介绍其具体过程。

1. 本地计算

FD 和 ND 在剩余时间段 $T-t_0$ 内进行本地计算。$C_{\rm f}$、$C_{\rm n}$ 和 $f_{\rm f}$、$f_{\rm n}$ 分别表示任务的计算复杂度和 CPU 计算频率。ε 是依赖于硬件结构的常数。因此,FD 和 ND 本地计算的比特数和能量消耗分别为

$$D_{{\rm loc},j}=\frac{f_j(T-t_0)}{TC_j},j={\rm f},{\rm n} \tag{5.5}$$

$$E_{{\rm loc},j}=\varepsilon(T-t_0)f_j^3,j={\rm f},{\rm n} \tag{5.6}$$

2. 协作卸载

假设 FD 的任务可以任意剪裁,FD 在 IRS 的辅助下卸载部分任务到 ND 上。随后 ND 可以选择在本地执行接收的任务或者将是卸载到 HAP 的边缘服务器上执行。

$t_{\rm f}$ 时间内 FD 卸载到 ND 和 HAP 上的任务比特数分别表示为

$$D_{\rm off,f}^{(1)}=\frac{t_{\rm f}}{T}\log_2\left(1+\frac{P_{\rm f}\,|\boldsymbol{h}_{\rm in}^{\rm T}\boldsymbol{\Phi}_2\boldsymbol{h}_{\rm if}+h_{\rm fn}|^2}{N_0}\right) \tag{5.7}$$

$$D_{\rm off,H}^{(1)}=\frac{t_{\rm f}}{T}\log_2\left(1+\frac{P_{\rm f}\,|\boldsymbol{g}\boldsymbol{\Phi}_2\boldsymbol{h}_{\rm if}+h_{\rm f}|^2}{N_0}\right) \tag{5.8}$$

式中,$\boldsymbol{\Phi}_2={\rm diag}(\boldsymbol{\varphi}_2)$($\boldsymbol{\varphi}_2=[\varphi_{2,1},\varphi_{2,2},\cdots,\varphi_{2,N}]$),表示 FD 卸载阶段 IRS 的反射波束矩阵;$\varphi_{2,n}\overset{\rm d}{=}{\rm e}^{{\rm j}\theta_{2,n}}$,表示 IRS 第 n 个反射元的相位;$P_{\rm f}$ 表示 FD 卸载时的发射功率;N_0 表示接收噪声功率。$t_{\rm n1}$ 时间内 ND 卸载到边缘服务器上的任务比特数表示为

$$D_{\rm off,n}^{(2)}=\frac{t_{\rm n1}}{T}\log_2\left(1+\frac{P_{\rm n1}\,|\boldsymbol{g}\boldsymbol{\Phi}_3\boldsymbol{h}_{\rm in}+h_{\rm n}|^2}{N_0}\right) \tag{5.9}$$

式中,$\boldsymbol{\Phi}_3={\rm diag}(\boldsymbol{\varphi}_3)$($\boldsymbol{\varphi}_3=[\varphi_{3,1},\varphi_{3,2}\cdots,\varphi_{3,N}]$),表示 ND 卸载阶段 IRS 的反射波束矩阵;$\varphi_{3,n}\overset{\rm d}{=}{\rm e}^{{\rm j}\theta_{3,n}}$,表示 IRS 第 n 个反射元的相位;$P_{\rm n1}$ 表示 ND 卸载时的发射功率。因此,ND 和 FD 可获得卸载速率可表示为[154]

$$R_{\rm F}=\min[D_{\rm off,f}^{(1)},D_{\rm off,H}^{(1)}+D_{\rm off,n}^{(2)}] \tag{5.10}$$

$$R_{\rm N}=\frac{t_{\rm n2}}{T}\log\left(1+\frac{P_{\rm n2}\,|\boldsymbol{g}\boldsymbol{\Phi}_3\boldsymbol{h}_{\rm in}+h_{\rm n}|^2}{N_0}\right) \tag{5.11}$$

此外,由于 FD 与 ND 无定供能设备,所有能量消耗都来源于从 HAP 收获的能量。因此,FD 和 ND 进行本地计算和任务卸载所消耗的能量与从 HAP 收获的能量应满足如下约束:

$$P_{\rm f}t_{\rm f}+E_{\rm loc,f}\leqslant\eta\,|\boldsymbol{g}\boldsymbol{\Phi}_1\boldsymbol{h}_{\rm if}+h_{\rm f}|^2P_0t_0 \tag{5.12}$$

$$P_{n1}t_{n1}+P_{n2}t_{n2}+E_{loc,f}\leqslant\eta\left|\boldsymbol{g}\boldsymbol{\Phi}_1\boldsymbol{h}_{ij}+\boldsymbol{h}_j\right|^2P_0t_0 \tag{5.13}$$

5.2.3 边缘计算和结果获取阶段

在此阶段,边缘服务器将执行接收到的任务并返回相应的结果。值得注意的是,边缘服务器具有强大的计算能力,而且与卸载任务相比,计算结果返回所需时间较短,因此,本章忽略边缘计算和结果获取的过程[33]。

5.3 任务处理比特数最大化问题构建

为了说明所提方案的优异性,本章以所有设备的处理任务比特数最大化为目标。在满足时间和能耗约束的条件下,通过联合优化 IRS 三阶段的反射波束$\{\boldsymbol{\varphi}_1,\boldsymbol{\varphi}_2,\boldsymbol{\varphi}_3\}$,FD 和 ND 的时间分配$\boldsymbol{t}=\{t_0,t_f,t_{n1},t_{n2}\}$,发射功率$\boldsymbol{P}=\{P_f,P_{n1},P_{n2}\}$和本地 CPU 计算频率$\boldsymbol{f}=\{f_f,f_n\}$,获得最优的系统性能。

在数学上,IRS 辅助的 WPT 协作计算卸载优化问题可以建模为

$$\begin{aligned}
&\text{P5.0}:\max_{\boldsymbol{\varphi}_1,\boldsymbol{\varphi}_2,\boldsymbol{\varphi}_3,\boldsymbol{t},\boldsymbol{P},\boldsymbol{f}}\min(R_F,R_N)+D_{loc,f}+D_{loc,n}\\
&\text{s.t. } C1:E_j^{(1)}=\eta\left|\boldsymbol{g}\boldsymbol{\Phi}_1\boldsymbol{h}_{ij}+h_j\right|^2P_0t_0,j=\text{f},\text{n}\\
&\quad C2:P_ft_f+E_{loc,f}\leqslant\eta\left|\boldsymbol{g}\boldsymbol{\Phi}_1\boldsymbol{h}_{if}+h_f\right|^2P_0t_0\\
&\quad C3:P_{n1}t_{n1}+P_{n2}t_{n2}+E_{loc,n}\leqslant\eta\left|\boldsymbol{g}\boldsymbol{\Phi}_1\boldsymbol{h}_{in}+h_n\right|^2P_0t_0\\
&\quad C4:t_0+t_f+t_{n1}+t_{n2}\leqslant T\\
&\quad C5:t_0,t_f,t_{n1},t_{n2},P_f,P_{n1},P_{n2}\geqslant 0\\
&\quad C6:0\leqslant f_j\leqslant f_{j,max},j=\text{f},\text{n}\\
&\quad C7:\left|\varphi_{in}\right|=1,i=1,2,3,n=1,2,\cdots,N
\end{aligned}\tag{5.14}$$

在优化问题 P5.0 中,$C1$、$C2$ 和 $C3$ 为能量约束,表示 FD 和 ND 能量消耗不应超过从 HAP 处收获的能量。$C4$、$C5$、$C6$ 分别为 FD 和 ND 的时间、发射功率和本地计算频率分配约束。$C7$ 为 3 个不同阶段 IRS 的相移约束。值得注意的是,由于变量(例如,发射功率与 IRS 相移,发射功率与发射时间,本地计算频率与时间等)的高度耦合,优化问题 P5.0 是一个非凸非线性优化问题,很难求解全局最优解。

5.4 问题求解及算法设计

为了求解问题 P5.0,首先给定 HAP 最优的发射功率。HAP 更大的发射功率意味着 FD 和 ND 能够获得更多的射频能量。这样,FD 和 ND 能够通过提高本地计算频率和上行发射功率来完成更多的本地计算任务和卸载任务。因此,当 HAP 以最大功率

$P_0=P_{\max}$ 发射时，WPT-MEC 网络能够获得最大的计算比特数。

其次，采用经典的块坐标下降法将优化问题 P5.0 转化为 4 个子问题，即优化 IRS 上行卸载波束、优化时间和发射功率、优化 IRS 下行能量波束、优化本地计算频率。迭代算法流程图如图 5.3 所示。

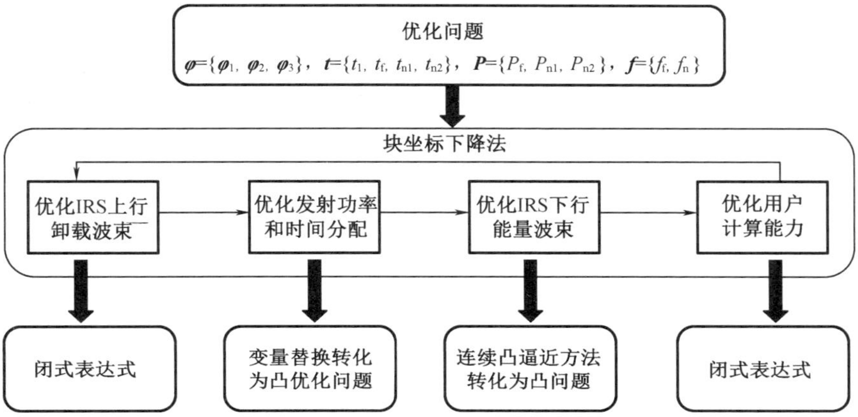

图 5.3　迭代算法流程图

5.4.1　优化 IRS 上行卸载波束

由于 IRS 上行卸载波束与其他变量不相关，因此首先优化 IRS 上行矩阵 $\boldsymbol{\Phi}_2$ 和 $\boldsymbol{\Phi}_3$。为了便于表达，定义 $\boldsymbol{\varphi}_i=[\varphi_{i,1},\varphi_{i,2},\cdots,\varphi_{i,N}]\ (i=1,2,3)$，则有 $\boldsymbol{g\Phi}_1\boldsymbol{h}_{ij}=\boldsymbol{\varphi}_1\mathrm{diag}(\boldsymbol{g})\boldsymbol{h}_{ij}(j=\mathrm{f},\mathrm{n})$，$\boldsymbol{h}_{\mathrm{in}}\boldsymbol{\Phi}_2\boldsymbol{h}_{\mathrm{if}}=\boldsymbol{\varphi}_2\mathrm{diag}(\boldsymbol{h}_{\mathrm{in}}^{\mathrm{T}})\boldsymbol{h}_{\mathrm{if}}$ 和 $\boldsymbol{g\Phi}_3\boldsymbol{h}_{\mathrm{in}}=\boldsymbol{\varphi}_3\mathrm{diag}(\boldsymbol{g})\boldsymbol{h}_{\mathrm{in}}$，因此，有如下等式：

$$|\boldsymbol{g\Phi}_1\boldsymbol{h}_{ij}+h_j|^2=|\boldsymbol{\varphi}_1\boldsymbol{\nu}_j+h_j|^2,j=\mathrm{f},\mathrm{n} \tag{5.15}$$

$$|\boldsymbol{h}_{\mathrm{in}}^{\mathrm{T}}\boldsymbol{\Phi}_2\boldsymbol{h}_{\mathrm{if}}+h_{\mathrm{fn}}|^2=|\boldsymbol{\varphi}_2\boldsymbol{\nu}_{\mathrm{fn}}+h_{\mathrm{fn}}|^2 \tag{5.16}$$

$$|\boldsymbol{g\Phi}_2\boldsymbol{h}_{\mathrm{if}}+h_{\mathrm{f}}|^2=|\boldsymbol{\varphi}_2\boldsymbol{\nu}_{\mathrm{f}}+h_{\mathrm{f}}|^2 \tag{5.17}$$

$$|\boldsymbol{g\Phi}_3\boldsymbol{h}_{\mathrm{in}}+h_{\mathrm{n}}|^2=|\boldsymbol{\varphi}_3\boldsymbol{\nu}_{\mathrm{n}}+h_{\mathrm{n}}|^2 \tag{5.18}$$

式中，$\boldsymbol{\nu}_j=\mathrm{diag}(\boldsymbol{g})\boldsymbol{h}_{ij},j=\mathrm{f},\mathrm{n}$；$\boldsymbol{\nu}_{\mathrm{f,n}}=\mathrm{diag}(\boldsymbol{h}_{\mathrm{in}}^{\mathrm{T}})\boldsymbol{h}_{\mathrm{if}}$。

为了优化 FD 卸载阶段 IRS 的相移，给定其他变量，优化问题 P5.0 转化为如下子问题：

$$\begin{aligned}&\mathrm{P5.1}:\max_{\boldsymbol{\theta}_2}D_{\mathrm{off,f}}^{(1)}=t_{\mathrm{f}}\log_2\left(1+\frac{P_{\mathrm{f}}|\boldsymbol{\varphi}_2\boldsymbol{\nu}_{\mathrm{fn}}+h_{\mathrm{fn}}|^2}{N_0}\right)\\&\mathrm{s.t.}\ |\varphi_{2,n}|=1,n=1,2,\cdots,N\end{aligned} \tag{5.19}$$

FD 的卸载比特数随 $|\boldsymbol{\varphi}_2\boldsymbol{\nu}_{\mathrm{fn}}+h_{\mathrm{fn}}|^2$ 单调递增，因此，为了求解 $\boldsymbol{\varphi}_2$，将问题 P5.1 转化为如下形式：

$$\begin{aligned} &\text{P5. 1}-T1: \max_{\boldsymbol{\varphi}_2} |\boldsymbol{\varphi}_2 \boldsymbol{\nu}_{\text{fn}} + h_{\text{fn}}|^2 \\ &\text{s. t. } |\varphi_{2,n}| = 1, n = 1, 2, \cdots, N \end{aligned} \tag{5.20}$$

根据三角不等式性质,问题 P5. 1−$T1$ 的目标函数满足如下不等式:

$$|\boldsymbol{\varphi}_2 \boldsymbol{\nu}_{\text{fn}} + h_{\text{fn}}|^2 \leqslant |\boldsymbol{\varphi}_2 \boldsymbol{\nu}_{\text{fn}}|^2 + |h_{\text{fn}}|^2 + 2|\boldsymbol{\varphi}_2 \boldsymbol{\nu}_{\text{fn}}||h_{\text{fn}}| \tag{5.21}$$

当 $\arg(\boldsymbol{\varphi}_2 \boldsymbol{\nu}_{\text{fn}}) = \arg(h_{\text{fn}})$ 时,上述不等式等号成立。因此,问题 P5. 1−$T1$ 的最优解可以表示为

$$\theta_{2,i} = \arg(\varphi_{2,i}) = \arg(h_{\text{fn}}) - \arg([\boldsymbol{\nu}_{\text{fn}}]_i),\ i = 1, 2, \cdots, N \tag{5.22}$$

式中,arg(·)表示相位抽取操作;$\boldsymbol{\varphi}_2^*$ 表示 $\boldsymbol{\varphi}_2$ 的最优解。

其次,根据以上相似的过程优化 ND 卸载阶段 IRS 的相移,最优的相移 $\boldsymbol{\varphi}_3^*$ 可以表示为

$$\theta_{3,i} = \arg(\varphi_{3,i}) = \arg(h_{\text{n}}) - \arg([\boldsymbol{\nu}_{\text{n}}]_i),\ i = 1, 2, \cdots, N \tag{5.23}$$

为了表述简洁,这里省略 $\boldsymbol{\varphi}_3$ 的求解过程。最终,根据 $\boldsymbol{\varphi}_2^*$ 和 $\boldsymbol{\varphi}_3^*$ 分别等价获得最优的 $\boldsymbol{\Phi}_2^*$ 和 $\boldsymbol{\Phi}_3^*$。

5.4.2 优化发射功率和时间分配

下面优化时间分配和发射功率,给定其他变量,则优化问题 P5. 0 重写为

$$\begin{aligned} &\text{P5. 2}: \max_{\boldsymbol{t},\boldsymbol{P}} \min(R_{\text{F}}, R_{\text{N}}) + D_{\text{loc,f}} + D_{\text{loc,n}} \\ &\text{s. t. } C1: E_j^{(1)} = \eta |\boldsymbol{g}\boldsymbol{\Phi}_1 \boldsymbol{h}_{\text{i}j} + h_j|^2 P_0 t_0, j = \text{f}, \text{n} \\ &\quad C2: P_{\text{f}} t_{\text{f}} + E_{\text{loc,f}} \leqslant \eta |\boldsymbol{g}\boldsymbol{\Phi}_1 \boldsymbol{h}_{\text{if}} + h_{\text{f}}|^2 P_0 t_0 \\ &\quad C3: P_{\text{n1}} t_{\text{n1}} + P_{\text{n1}} t_{\text{n2}} + E_{\text{loc,n}} \leqslant \eta |\boldsymbol{g}\boldsymbol{\Phi}_1 \boldsymbol{h}_{\text{in}} + h_{\text{n}}|^2 P_0 t_0 \\ &\quad C4: t_0 + t_{\text{f}} + t_{\text{n1}} + t_{\text{n2}} \leqslant T \\ &\quad C5: t_0, t_{\text{f}}, t_{\text{n1}}, t_{\text{n2}}, P_{\text{f}}, P_{\text{n1}}, P_{\text{n2}} \geqslant 0 \end{aligned} \tag{5.24}$$

由于变量 $\boldsymbol{t}$ 和 $\boldsymbol{P}$ 的高度耦合,优化问题 $P5.2$ 不能直接求解,因此引入辅助变量 $\boldsymbol{\omega} = \{\omega_{\text{f}}, \omega_{\text{n1}}, \omega_{\text{n2}}\}$ 和 $\overline{\boldsymbol{D}}$ 表示卸载任务比特数上界,优化问题 P5. 2 被转化为

$$\begin{aligned} &\text{P5. 2}-T1: \max_{\overline{\boldsymbol{D}},\boldsymbol{t},\boldsymbol{\omega}} [\overline{\boldsymbol{D}} + D_{\text{loc,f}} + D_{\text{loc,n}}] \\ &\text{s. t. } C1: E_j^{(1)} = \eta |\boldsymbol{g}\boldsymbol{\Phi}_1 \boldsymbol{h}_{\text{i}j} + h_j|^2 P_0 t_0, j = \text{f}, \text{n} \\ &\quad C2: P_{\text{f}} t_{\text{f}} + E_{\text{loc,f}} \leqslant \eta |\boldsymbol{g}\boldsymbol{\Phi}_1 \boldsymbol{h}_{\text{if}} + h_{\text{f}}|^2 P_0 t_0 \\ &\quad C3: P_{\text{n1}} t_{\text{n1}} + P_{\text{n1}} t_{\text{n2}} + E_{\text{loc,n}} \leqslant \eta |\boldsymbol{g}\boldsymbol{\Phi}_1 \boldsymbol{h}_{\text{in}} + h_{\text{n}}|^2 P_0 t_0 \\ &\quad C4: t_0 + t_{\text{f}} + t_{\text{n1}} + t_{\text{n2}} \leqslant T \\ &\quad C5: t_0, t_{\text{f}}, t_{\text{n1}}, t_{\text{n2}}, P_{\text{f}}, P, P_{\text{n2}} \geqslant 0 \\ &\quad C6: \overline{\boldsymbol{D}} \leqslant D_{\text{off,H}}^{(1)} + D_{\text{off,n}}^{(2)} \\ &\quad C7: \overline{\boldsymbol{D}} \leqslant D_{\text{off,f}}^{(1)} \\ &\quad C8: \overline{\boldsymbol{D}} \leqslant R_{\text{N}} \end{aligned} \tag{5.25}$$

式中，$\omega_{\mathrm{f}}=t_{\mathrm{f}}P_{\mathrm{f}}$，$\omega_{\mathrm{n1}}=t_{\mathrm{n1}}P_{\mathrm{n1}}$，$\omega_{\mathrm{n2}}=t_{\mathrm{n2}}P_{\mathrm{n2}}$。代入 ω_{f} 和 ω_{n1}、ω_{n2} 后，则有

$$D_{\mathrm{off,f}}^{(1)}(t_{\mathrm{f}},\omega_{\mathrm{f}},\boldsymbol{\theta}_2^*)=t_{\mathrm{f}}\log_2\left(1+\frac{\omega_{\mathrm{f}}\,|\boldsymbol{\theta}_2^*\boldsymbol{\nu}_{\mathrm{fn}}+h_{\mathrm{fn}}|^2}{t_{\mathrm{f}}N_0}\right) \tag{5.26}$$

$$D_{\mathrm{off,H}}^{(1)}=\frac{t_{\mathrm{f}}}{T}\log_2\left(1+\frac{\omega_{\mathrm{f}}\,|\boldsymbol{\theta}_2^*\boldsymbol{\nu}_{\mathrm{f}}+h_{\mathrm{f}}|^2}{t_{\mathrm{f}}N_0}\right) \tag{5.27}$$

$$D_{\mathrm{off,n}}^{(2)}(t_{\mathrm{n1}},\omega_1,\boldsymbol{\theta}_3^*)=t_{\mathrm{n1}}\log_2\left(1+\frac{\omega_{\mathrm{n1}}\,|\boldsymbol{\theta}_3^*\boldsymbol{\nu}_{\mathrm{n}}+h_{\mathrm{n}}|^2}{t_{\mathrm{n1}}N_0}\right) \tag{5.28}$$

$$R_{\mathrm{N}}=\frac{t_{\mathrm{n2}}}{T}\log\left(1+\frac{\omega_{\mathrm{n2}}\,|\boldsymbol{\theta}_3^*+h_{\mathrm{n}}|^2}{t_{\mathrm{n2}}N_0}\right) \tag{5.29}$$

由于函数$\log_2[1+(\omega_{\mathrm{f}}|\boldsymbol{\theta}_2^*\boldsymbol{\nu}_{\mathrm{fn}}+h_{\mathrm{fn}}|^2)/N_0]$、$\log_2[1+(\omega_1|\boldsymbol{\theta}_3^*\boldsymbol{\nu}_{\mathrm{n}}+h_{\mathrm{n}}|^2)/N_0]$分别为 ω_{f} 和 ω_1 的凹函数，其透视函数 $t_{\mathrm{f}}\log_2[1+(\omega_{\mathrm{f}}|\boldsymbol{\theta}_2^*\boldsymbol{\nu}_{\mathrm{fn}}+h_{\mathrm{fn}}|^2)/(t_{\mathrm{f}}N_0)]$、$t_{\mathrm{n1}}\log_2[1+(\omega_{\mathrm{n1}}|\boldsymbol{\theta}_3^*\boldsymbol{\nu}_{\mathrm{n}}+h_{\mathrm{n}}|^2)/(t_{\mathrm{n1}}N_0)]$ 分别为$\{t_{\mathrm{f}},\omega_{\mathrm{f}}\}$和$\{t_{\mathrm{n1}},\omega_1\}$的凹函数。类似地，$D_{\mathrm{off,H}}^{(1)}$、$D_{\mathrm{off,n}}^{(2)}$、$R_{\mathrm{N}}$ 分别为相应优化变量的凹函数。因此，问题 P5.2–T1 为凸优化问题，可以采用凸优化工具进行求解，如 CVX 工具。$\{\overline{\boldsymbol{D}}^*,\boldsymbol{t}^*,\boldsymbol{\omega}^*\}$表示问题 P5.2–$T$1 的最优解，最优的功率分配表示为 $P_j^*=\omega_j^*/t_j^*$，$j=\mathrm{f}$，n1，n2。

5.4.3 优化 IRS 下行能量波束

为了优化 IRS 下行能量波束，给定其他变量，原优化问题 P5.0 可以重写为

$$\begin{aligned}
&\mathrm{P5.3:}\underset{\boldsymbol{\varphi}_1}{\mathrm{Find}}\ \boldsymbol{\varphi}_1\\
&\mathrm{s.t.}\ C1:P_{\mathrm{f}}^*t_{\mathrm{f}}^*+\varepsilon(T-t_0^*)(f_{\mathrm{f}}^*)^3\leqslant\eta P_0^*t_0^*\,|\boldsymbol{\varphi}_1\boldsymbol{\nu}_{\mathrm{f}}+h_{\mathrm{f}}|^2\\
&\qquad C2:P_{\mathrm{n1}}^*t_{\mathrm{n1}}^*+P_{\mathrm{n2}}^*t_{\mathrm{n2}}^*+\varepsilon(T-t_0^*)(f_{\mathrm{n}}^*)^3\leqslant\eta P_0^*t_0^*\,|\boldsymbol{\varphi}_1\boldsymbol{\nu}_{\mathrm{n}}+h_{\mathrm{n}}|^2\\
&\qquad C3:|\boldsymbol{\varphi}_{1,n}|=1,\ n=1,2,\cdots,N
\end{aligned} \tag{5.30}$$

针对问题 P5.3 中的非凸约束 $C1$ 和 $C2$，采用连续凸逼近方法将约束近似为初始可行点附近的凸替代函数。定义$\overline{\boldsymbol{\varphi}}_1=[\boldsymbol{\varphi}_1\ 1]$，$\overline{\boldsymbol{\varphi}}_2=[\boldsymbol{\varphi}_2\ 1]$，$\overline{\boldsymbol{\nu}}_{\mathrm{f}}=[\boldsymbol{\nu}_{\mathrm{f}}\ h_{\mathrm{f}}]^{\mathrm{T}}$，$\overline{\boldsymbol{\nu}_{\mathrm{n}}}=[\boldsymbol{\nu}_{\mathrm{n}}\ h_{\mathrm{n}}]^{\mathrm{T}}$，则有

$$|\boldsymbol{\varphi}_1\boldsymbol{\nu}_{\mathrm{f}}+h_{\mathrm{f}}|^2=|\overline{\boldsymbol{\varphi}}_1\overline{\boldsymbol{\nu}}_{\mathrm{f}}|^2=\overline{\boldsymbol{\varphi}}_1\boldsymbol{V}_{\mathrm{f}}\overline{\boldsymbol{\varphi}}_1^{\mathrm{H}} \tag{5.31}$$

$$|\boldsymbol{\varphi}_1\boldsymbol{\nu}_{\mathrm{n}}+h_{\mathrm{n}}|^2=|\overline{\boldsymbol{\varphi}}_1\overline{\boldsymbol{\nu}}_{\mathrm{n}}|^2=\overline{\boldsymbol{\varphi}}_1\boldsymbol{V}_{\mathrm{n}}\overline{\boldsymbol{\varphi}}_1^{\mathrm{H}} \tag{5.32}$$

式中，$\boldsymbol{V}_{\mathrm{f}}\overset{\mathrm{d}}{=}\overline{\boldsymbol{\nu}}_{\mathrm{f}}\overline{\boldsymbol{\nu}}_{\mathrm{f}}^{\mathrm{H}}$；$\boldsymbol{V}_{\mathrm{n}}=\overline{\boldsymbol{\nu}}_{\mathrm{n}}\overline{\boldsymbol{\nu}}_{\mathrm{n}}^{\mathrm{H}}$，为秩为 1 非负半定矩阵。对于任意向量 $\boldsymbol{z}\in\mathbb{C}^{1\times(N+1)}$，不等式$(\overline{\boldsymbol{\varphi}}_1-\boldsymbol{z})\boldsymbol{V}_{\mathrm{f}}(\overline{\boldsymbol{\varphi}}_1-\boldsymbol{z})^{\mathrm{H}}\geqslant0$ 和$(\overline{\boldsymbol{\varphi}}_1-\boldsymbol{z})\boldsymbol{V}_{\mathrm{n}}(\overline{\boldsymbol{\varphi}}_1-\boldsymbol{z})^{\mathrm{H}}\geqslant0$ 成立，因此，有如下不等式：

$$\overline{\boldsymbol{\varphi}}_1\boldsymbol{V}_{\mathrm{f}}\overline{\boldsymbol{\varphi}}_1^{\mathrm{H}}\geqslant2R\{\boldsymbol{z}\boldsymbol{V}_{\mathrm{f}}\overline{\boldsymbol{\varphi}}_1^{\mathrm{H}}\}-\boldsymbol{z}\boldsymbol{V}_{\mathrm{f}}\boldsymbol{z}^{\mathrm{H}} \tag{5.33}$$

$$\overline{\boldsymbol{\varphi}}_1\boldsymbol{V}_{\mathrm{n}}\overline{\boldsymbol{\varphi}}_1^{\mathrm{H}}\geqslant2R\{\boldsymbol{z}\boldsymbol{V}_{\mathrm{n}}\overline{\boldsymbol{\varphi}}_1^{\mathrm{H}}\}-\boldsymbol{z}\boldsymbol{V}_{\mathrm{n}}\boldsymbol{z}^{\mathrm{H}} \tag{5.34}$$

给定 $\boldsymbol{z}$，因此非凸约束可以转化为

$$P_f^* t_f^* + \varepsilon (T - t_0^*)(f_f^*)^3 \leq \eta P_0^* t_0^* [2R\{z V_f \overline{\varphi}_1^H\} - z V_f z^H] \tag{5.35}$$

$$P_{n1}^* t_{n1}^* + P_{n2}^* t_{n2}^* + \varepsilon (T - t_0^*)(f_n^*)^3 \leq \eta P_0^* t_0^* [2R\{z V_n \overline{\varphi}_1^H\} - z V_n z^H] \tag{5.36}$$

此外,非凸的模约束 $C3$ 可以松弛为

$$|\varphi_{1,n}| \leq 1, n = 1, 2, \cdots, N \tag{5.37}$$

因此,问题 P5.3 转化为

$$\begin{aligned} &\text{P5. 3}-T1: \underset{\boldsymbol{\varphi}_1}{\text{Find}}\ \boldsymbol{\varphi}_1 \\ &\text{s. t. } C1: P_f^* t_f^* + \varepsilon (T - t_0^*)(f_f^*)^3 \leq \eta P_0^* t_0^* [2R\{z V_f \overline{\varphi}_1^H\} - z V_f z^H] \\ &\quad C2: P_{n1}^* t_{n1}^* + P_{n2}^* t_{n2}^* + \varepsilon (T - t_0^*)(f_n^*)^3 \leq \eta P_0^* t_0^* [2R\{z V_n \overline{\varphi}_1^H\} - z V_n z^H] \\ &\quad C3: |\varphi_{1,n}| \leq 1, n = 1, 2, \cdots, N \end{aligned} \tag{5.38}$$

式中,Find 表示寻找定义域内可行 $\boldsymbol{\Phi}_1$。问题 P5. 3−T1 为凸优化问题,可采用已有凸优化求解器进行求解。得到最优 $\boldsymbol{\varphi}_1^*$ 后,将各个元素模缩放到 1,满足问题 P5. 3 的约束 $C3$。

5.4.4 优化用户计算能力

给定其他优化变量,本地计算频率优化问题可以表示为

$$\begin{aligned} &\text{P5. 4}: \max_{f} \frac{f_f (T - t_0^*)}{C_f} + \frac{f_n (T - t_0^*)}{C_n} \\ &\text{s. t. } C1: P_f^* t_f^* + \varepsilon (T - t_0^*)(f_f^*)^3 \leq \eta P_0^* t_0^* |\boldsymbol{\varphi}_1 \boldsymbol{\nu}_f + h_f|^2 \\ &\quad C2: P_{n1}^* t_{n1}^* + P_{n2}^* t_{n2}^* + \varepsilon (T - t_0^*)(f_n^*)^3 \leq \eta P_0^* t_0^* |\boldsymbol{\varphi}_1 \boldsymbol{\nu}_n + h_n|^2 \\ &\quad C3: 0 \leq f_j \leq f_{j,\max}, j = \text{f}, \text{n} \end{aligned} \tag{5.39}$$

问题 P5. 4 是一个线性规划问题,下面推导出闭式解形式的最优本地计算频率。根据问题 P5. 4 约束推导本地计算频率的范围如下:

$$0 \leq f_f \leq \min\left\{ f_{f,\max}, \sqrt[3]{\frac{E_f^{(1)}(t_0^*, \boldsymbol{\varphi}_1^*) - t_f^* P_f^*}{\varepsilon (T - t_0^*)}} \right\} \tag{5.40}$$

$$0 \leq f_n \leq \min\left\{ f_{n,\max}, \sqrt[3]{\frac{E_n^{(1)}(t_0^*, \boldsymbol{\varphi}_1^*) - t_{n1}^* P_{n1}^* - t_{n2}^* P_{n2}^*}{\varepsilon (T - t_0^*)}} \right\} \tag{5.41}$$

式中,$E_j^{(1)}(t_0^*, \boldsymbol{\varphi}_1^*) = \eta |\boldsymbol{\varphi}_1^* \boldsymbol{\nu}_j + h_j|^2 P_0 t_0^*, j = \text{f}, \text{n}$。问题 P5. 4 的目标函数随着本地计算频率的增大而单调递增,因此,最优的本地计算频率为 f_j 的上界,其表达式为

$$f_f^* = \min\left[f_{f,\max}, \sqrt[3]{\frac{E_f^{(1)}(t_0^*, \boldsymbol{\varphi}_1^*) - t_f^* P_f^*}{\varepsilon (T - t_0^*)}} \right] \tag{5.42}$$

$$f_{n}^{*}=\min\left[f_{n,\max},\sqrt[3]{\frac{E_{n}^{(1)}(t_{0}^{*},\boldsymbol{\varphi}_{1}^{*})-t_{n1}^{*}P_{n1}^{*}-t_{n2}^{*}P_{n2}^{*}}{\varepsilon(T-t_{0}^{*})}}\right] \tag{5.43}$$

综上所述,本章提出一种迭代优化算法处理计算比特数最大化问题。由于 IRS 上行卸载波束 $\boldsymbol{\Phi}_2$ 和 $\boldsymbol{\Phi}_3$ 与其他变量不相关,因此首先优化 $\boldsymbol{\Phi}_2$ 和 $\boldsymbol{\Phi}_3$。然后通过分别求解优化问题 P5.2−$T1$、P5.3−$T1$ 和 P5.4 迭代更新时间分配和发射功率$\{\boldsymbol{t},\boldsymbol{P}\}$、下行能量波束 $\boldsymbol{\Phi}_1$ 和本地计算频率$\boldsymbol{f}$,具体过程由表 5.1 给出。

表 5.1　提出交替优化算法

算法 5.1 求解问题 P5.0 的交替优化算法
1. 初始化,设置 $\boldsymbol{\Phi}_1^{(n)}$、$\boldsymbol{\Phi}_2^{(n)}$、$\boldsymbol{\Phi}_3^{(n)}$、$\boldsymbol{t}^{(n)}$、$\boldsymbol{P}^{(n)}$、$\boldsymbol{f}^{(n)}$ 初始值,并且 $n=1$;
2. 计算 FD 和 ND 上行卸载时 IRS 最优波束 $\boldsymbol{\Phi}_2^{(n)}$ 和 $\boldsymbol{\Phi}_3^{(n)}$;
3. Repeat:
4. 求解问题 P5.2 获得最优的发射功率和时间分配策略($\boldsymbol{t}^{(n)}$,$\boldsymbol{\omega}^{(n)}$);
5. 求解问题 P5.3 获得最优的下行 IRS 能量波束 $\boldsymbol{\Phi}_1^{(n)}$;
6. 求解问题 P5.4 获得最优的本地计算频率$\boldsymbol{f}^{(n)}$;
7. 更新迭代次数 $n=n+1$;
8. Until convergence;
9. 获得最优解$\left(t_0^*,t_f^*,t_{n1}^*,t_{n2}^*,P_f^*=\frac{\omega_f^*}{t_f^*},P_{n1}^*=\frac{\omega_{n1}^*}{t_{n1}^*},P_{n2}^*=\frac{\omega_{n2}^*}{t_{n2}^*},\boldsymbol{\Phi}_1^*,\boldsymbol{\Phi}_2^*,\boldsymbol{\Phi}_3^*,f_f^*,f_n^*\right)$。

5.4.5　算法复杂度分析

接下来,对本章提出算法的复杂度进行分析。由于推导出了 IRS 上行卸载波束 $\boldsymbol{\Phi}_2$、$\boldsymbol{\Phi}_3$ 和本地计算频率$\boldsymbol{f}$的闭式表达式,因此其计算复杂度可忽略不计。算法 5.1 的计算复杂度主要由求解时间和发射功率分配问题 P5.2−$T1$ 和 IRS 下行能量波速优化问题 P5.3−$T1$ 决定。具体来说,由 $2(K+1)$ 个变量和 $3(K+1)+2$ 个约束求解出问题 P5.2−$T1$ 的计算复杂度为 $O\,[30(K+1)^3]\sqrt{3(K+1)+2}$[155-156]。同样,求解出问题 P5.3−$T1$ 优化下行能量波束的计算复杂度为 $O\,[T_1(2KN+2K+1)^{3.5}]$,其中,T_1 表示连续凸近似算法的迭代次数。因此,算法 5.1 的计算复杂度表示为 $O\{T_i[30(K+1)^3\sqrt{3(K+1)+2}+T_i(2KN+2K+1)^{3.5}]\}$,$T_i$ 表示总迭代次数。

5.5 仿真结果与分析

为了评估 IRS 辅助的 WPT-MEC 网络的协作边缘计算卸载的性能，本节采用数值仿真对比了以下 3 种机制：

(1) IRS 辅助协作卸载机制(IRS/cooperation)

IRS 辅助下行能量传输，且辅助 FD 与 ND 之间的上行协作计算卸载。

(2) IRS 辅助非协作卸载机制(IRS/independent)

ND 不辅助 FD 进行计算卸载，FD 与 ND 分别将任务卸载到 HAP 边缘服务器执行。

(3) 无 IRS 辅助协作卸载机制(without IRS/cooperation)

FD 和 ND 的能量转移过程和任务卸载过程在没有 IRS 辅助的条件下实现。

图 5.4 为 IRS 辅助的无线充电协作卸载仿真场景。在不失一般性的情况下，假设 $d_f = 8$ m，$d_n = 5$ m，$d_{fn} = 3$ m。通信模型建模为 $L = C_0 d^{-\alpha} H$。其中，$C_0 = -30$ dB，代表单位距离的路径损失；d 代表无线发射端与相应的接收端之间的距离；α 代表通信链路的路径损失因子；H 服从瑞利衰落。定义 α_{hi}、α_{hf}、α_{hn}、α_{if}、α_{in}、α_{fn} 分别代表 HAP-IRS、HAP-FD、HAP-ND、IRS-FD、IRS-ND、FD-ND 信道的路径损失因子。仿真参数设置如表 5.2 所示[157]。根据上述参数设置，在 MATLAB 2015b 平台上对本章算法进行仿真。

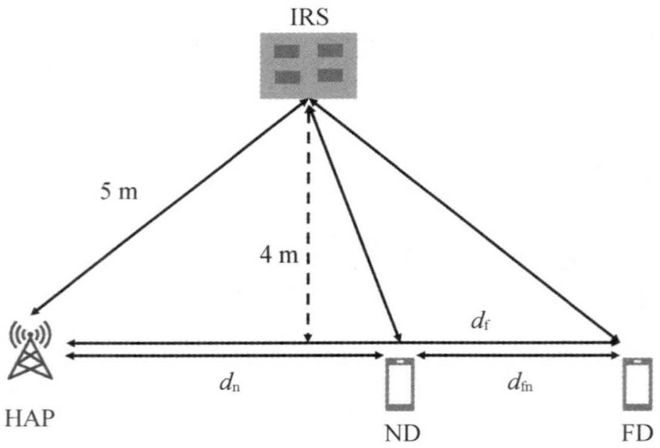

图 5.4　IRS 辅助的无线充电协作卸载仿真场景

表 5.2　IRS 辅助协作卸载仿真参数表

参数意义	设定值
系统总带宽 B/MHz	5
IRS 反射元数量 N/个	100
HAP 最大发射功率 P_{max}/W	100

表 5.2(续)

参数意义	设定值
噪声功率 N_0/W	10^{-7}
任务计算复杂性 C_f、C_n/(cycle/bit)	500
FD、ND 最大 CPU 频率 f_f、f_n/(cycle/s)	1×10^7, 1.5×10^7
时间块长度 T/s	1
能量转换效率 η	0.8
路径损失因子 α_{hi}、α_{hf}、α_{hn}、α_{if}、α_{in}、α_{fn}	2.0,3.5,3.5,2.2,2.5,3.5
芯片参数	10^{-28}

图 5.5 和 5.6 分别给出了 HAP 的最大发射功率 P_{max} 和 IoT 设备的能量转换效率 η 对任务总比特数的影响。所有方案的处理任务总比特数随着 HAP 最大发射功率和能量转换效率的增加而单调增加。显然,当 HAP 采用更高的发射功率或能量收集电路具有更大的能量转换效率时,IoT 设备将收获更多的能量,这将进一步促使 IoT 设备可以执行更多的任务卸载或本地计算的计算任务。随着 HAP 的最大发射功率和能量转换效率的提高,IRS 辅助协作卸载与不使用 IRS 的传统方法相比,计算速率增益有所增加。这表明当 IoT 设备能够以更大的最大发射功率和能量转换效率收获更多的能量时,IRS 提供的反射链路增益可以显著提高任务卸载率。此外,与现有的方法相比,IRS 辅助协作卸载可以获得更高的总比特数,这表明近端用户的辅助能够充分利用周围资源,进一步提升计算卸载效率。

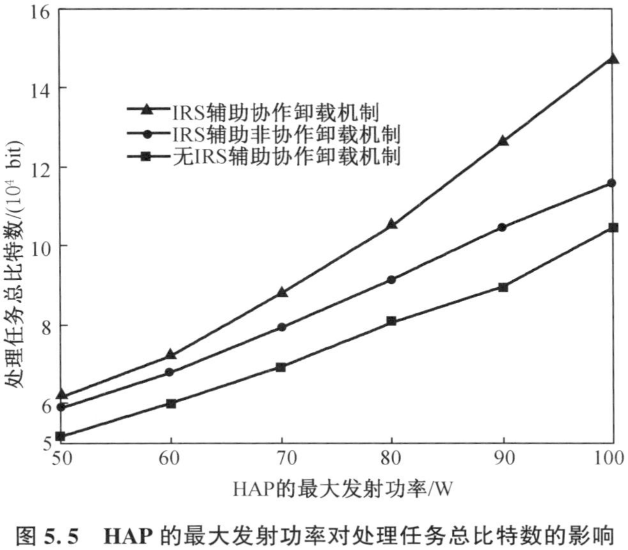

图 5.5　HAP 的最大发射功率对处理任务总比特数的影响

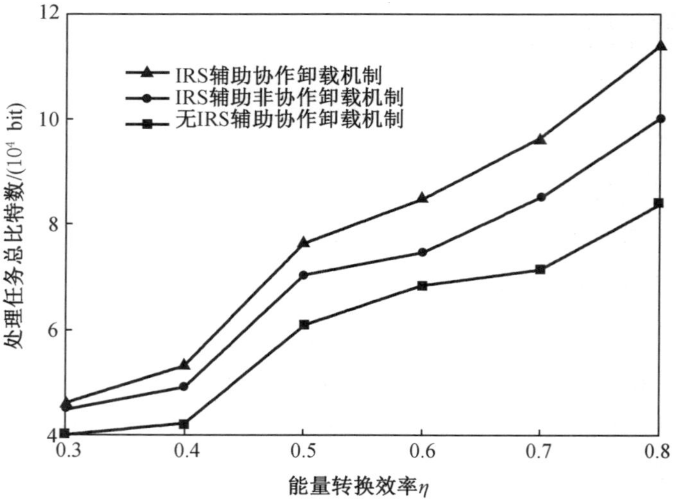

图 5.6　IoT 设备的能量转换效率对处理任务总比特数的影响

图 5.7 和图 5.8 分别给出了时间块长度 T 和系统带宽 B 对处理任务总比特数的影响。任务总比特数随着时间块长度和系统带宽的增加而增加。这是因为计算卸载比特数或本地计算比特数随着时间块长度 T 和系统带宽 B 的增加而增加。此外，当时间块长度较长时，所提出的策略比没有 IRS 的基线策略获得了更高的计算率增益。原因是更长的时间块长度将发挥 IRS 的全部潜力，提高无线能量传输和任务卸载的效率，从而使用户收获更多的能量，完成更多的计算任务。

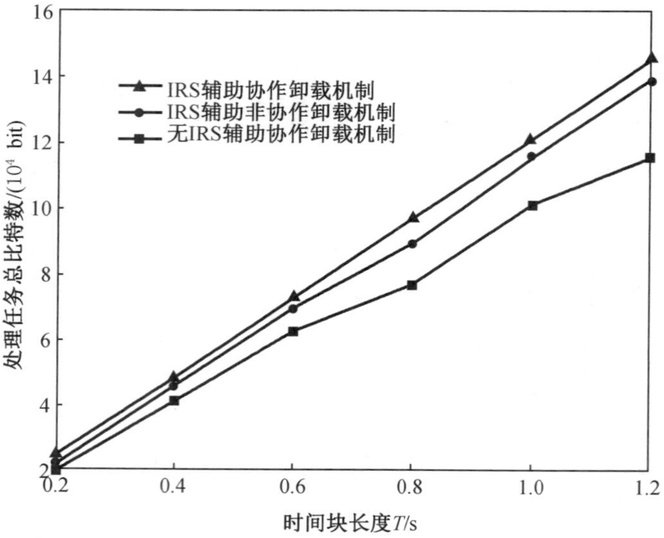

图 5.7　时间块长度对处理任务总比特数的影响

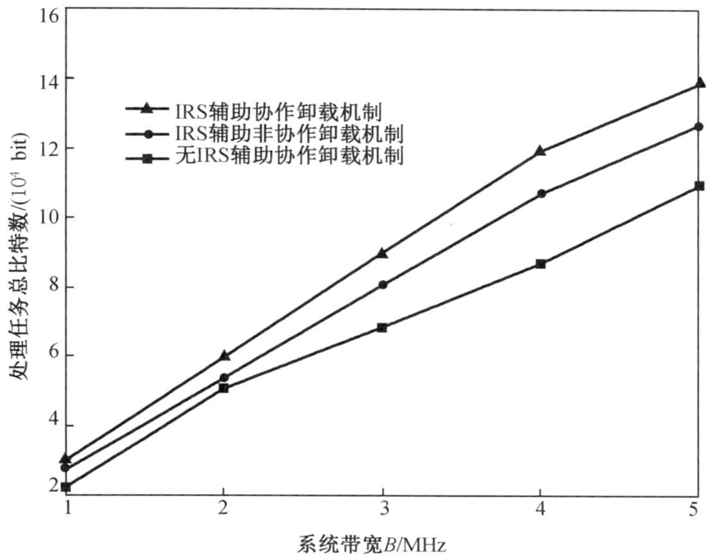

图 5.8　系统带宽对处理任务总比特数的影响

5.6　本 章 小 结

针对物联网中大量部署的传感器等设备计算、存储资源不足和电池容量有限的问题，且为了充分利用周围计算资源并为低功耗设备持续供电，本章首先提出了一种 IRS 辅助的无线充电协作计算卸载方案，使低功耗设备通过无线充电进行本地计算或者卸载，且使远端用户可以通过近端用户的协作，提升自身完成任务能力。其次，本章定义了以最大化处理任务总比特数为目标的优化问题，通过联合优化时间分配、功率分配、本地 CPU 频率，以及充电、远端用户卸载、近端用户卸载时 IRS 的无源波束，使处理任务总比特数最大化。为了求解该问题，本章将原始优化问题转化为 4 个问题并采用交替优化算法迭代优化。最后，仿真结果验证了本章所提方案的有效性。

第6章　双IRS辅助的MISO无线通信系统资源分配

通过在MEC网络中部署IRS,可以有效改善无线卸载链路质量,提高系统卸载效率。然而,以上工作仅考虑了单个IRS辅助的无线网络通信,并未考虑多IRS辅助和多链路协作下的无线网络通信。基于以上考虑,本章研究了双IRS辅助的MISO系统的无线通信。首先,提出了双IRS辅助的MISO系统盲区用户的无线通信模型,通过IRS的辅助实现盲区用户与基站的通信。其次,定义了以最大化多用户加权速率和为目标的有源波束和无源波束联合优化问题。最后,设计了一种闭式分式规划块坐标下降法以求解该问题。

6.1　本章概述

在过去的几十年中,得益于各种先进技术,如大规模多入多出、超密集网络、毫米波通信等,5G无线通信已经实现了网络容量增加1 000倍的目标,并为至少1 000亿设备提供了无处不在的无线接入[11]。然而,较高的能耗和硬件成本以及复杂性仍然是当今无线通信网络面临的关键挑战。为了解决这些问题,IRS作为一项革命性的新技术被提出。其通过重新配置无线传播环境,以低复杂性和低成本实现高频谱效率和能量效率。IRS是由许多无源反射元件组成的平面,由于反射元件不需要传输任何射频链,因此其能耗和硬件成本远低于接入点或基站处的传统有源天线,并且在反射过程中几乎没有额外的热噪声。此外,从实现的角度来看,IRS形状多样、质量小、能耗低,可以轻松地部署在周围低能耗的环境物体上。

基于以上优势,研究者们深入研究了IRS,并将其应用于各领域,如MISO网络[162-163]、认知无线电网络[164]和物理层安全通信[165-166]等。现有的IRS工作主要集中在单IRS辅助的无线网络通信上,通过将IRS部署在用户附近,提高本地通信覆盖率和通信速率。然而,在无线链路中部署单个IRS对无线信道的控制能力有限,可能无法充分利用IRS的潜力来重新配置无线传播环境。

近年来有一些研究者对双 IRS 辅助的无线通信进行了研究。尽管在无线链路中部署两个 IRS 可能导致乘性三重路径损耗，但对大量 IRS 反射元件可以通过适当设置反射幅度和/或相位来补偿严重的路径损耗。此外，IRS 的部署策略对于最小化两个 IRS 辅助链路上的乘性距离路径损耗也很重要，其中，IRS 的部署应靠近发射机或接收机[85]。无线网络中的传统反射阵列收发器和双 IRS 这两种收发器都由具有可调相移的无源反射元件组成，其中，传统反射阵列收发器通常放置在有源无线收发器附近以节省 RF 链，而双 IRS 的部署则根据各种要求而更为灵活，如绕过障碍以扩大覆盖范围、改善信道条件、抑制干扰和增强物理层安全性等[78,85]。考虑到 IRS 的优点，双 IRS 甚至多 IRS 更适合改善无线通信环境[170-171]。经证明，两个 IRS 的反射元件数为 N 时，可以获得 $O(N^4)$ 协作波束赋形增益，这优于传统单个 IRS 辅助的系统的协作波束赋形增益[$O(N^2)$]。尽管双 IRS 辅助的通信取得了令人满意的结果，但使用单用户、单天线 BS 和只考虑 BS-IRS1-IRS2-用户链路不仅简化了系统配置，而且没有考虑多个 IRS 之间的信号协作和交互，简化了无源波束设计过程。此外，解耦无源波束设计对于多 IRS 辅助的系统而言并不是最优的，因为 IRS 间的链路可能会对系统性能产生显著影响。因此，需要协作设计有多个 IRS 的无源波束，既能消除了额外的干扰，又能获得多个级联链路的波束赋形增益，以进一步提高系统性能。

基于此，本章研究了双 IRS 辅助的 MISO 系统的通信，主要工作如下：第一，提出了双 IRS 辅助的 MISO 系统中盲区用户与 BS 的通信模型，通过在用户和 BS 附近分别部署 IRS，实现盲区用户通信。第二，联合优化 BS 的优化波束和 IRS 的无源波束，使得所有用户的加权速率和最大化，其中，权重与用户路径损失相关。第三，采用闭式分式规划块坐标下降法求解加权速率和最大化问题，并进行数值仿真，验证双 IRS 辅助的 MISO 通信方案能够进一步提升系统性能。

6.2　双 IRS 辅助的 MISO 系统模型

6.2.1　双 IRS 辅助的 MISO 系统模型简介

图 6.1 为双 IRS 辅助的 MISO 系统模型，由 1 个配备 M 天线的 BS、2 个 IRS（IRS1 有 N_1 个反射元件，IRS2 有 N_2 个反射元件）和 K 个单天线用户组成[172]。IRS 通过回程链路连接到智能控制器，用于与 BS 通信以交换信息，如 IRS 相移和信道状态信息等[11]。假定用户与 BS 之间的直接链路受到障碍物的严重阻碍，用户的流动性较低并位于 IRS2 附近。因此，BS 与 K 个用户的通信可以通过多 IRS 辅助的级联链路实现，且可以有效地估计 IRS 辅助信道的信道状态信息[134-135]。同时，假设所有信道都为准

静态平坦衰落信道(详细的信道模型将在后文中介绍)。

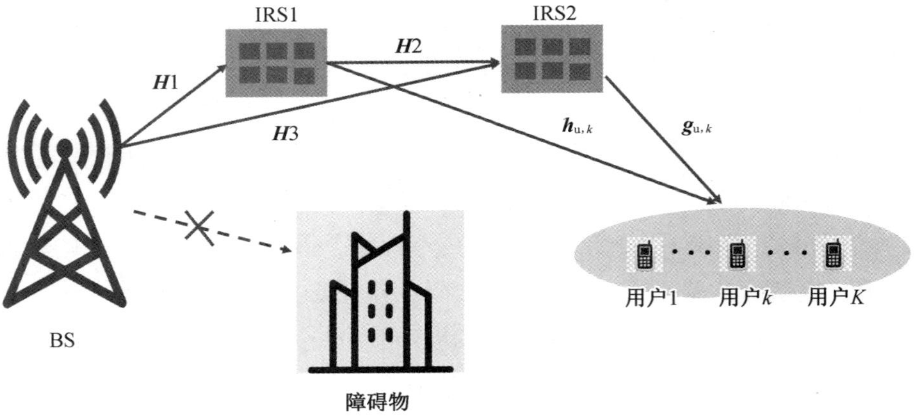

图 6.1　双 IRS 辅助的 MISO 系统模型

定义 $\boldsymbol{H}_1 \in \mathbb{C}^{N_1 \times M}$、$\boldsymbol{H}_2 \in \mathbb{C}^{N_2 \times N_1}$、$\boldsymbol{H}_3 \in \mathbb{C}^{N_2 \times M}$、$\boldsymbol{h}_{u,k} \in \mathbb{C}^{1 \times N_1}$ 和 $\boldsymbol{g}_{u,k} \in \mathbb{C}^{1 \times N_2}$ 分别表示 BS-IRS1 链路、IRS1-IRS2 链路、BS-IRS2 链路、IRS1-用户 k 链路和 IRS2-用户 k 链路的基带等价信道,其中,$k \in K \overset{\mathrm{d}}{=} \{1,2,\cdots,K\}$。因此,用户 k 的接收信号可以表示为

$$y_k = \boldsymbol{g}_{u,k}\boldsymbol{\Theta}_2\boldsymbol{H}_2\boldsymbol{\Theta}_1\boldsymbol{H}_1\boldsymbol{x} + \boldsymbol{g}_{u,k}\boldsymbol{\Theta}_2\boldsymbol{H}_3\boldsymbol{x} + \boldsymbol{h}_{u,k}\boldsymbol{\Theta}_1\boldsymbol{H}_1\boldsymbol{x} + n_k \tag{6.1}$$

式中,$\boldsymbol{\Theta}_1$ 表示 IRS1 的相移对角矩阵,且定义 $\boldsymbol{\Theta}_1 = \mathrm{diag}(\theta_{11}, \theta_{12}, \cdots, \theta_{1N_1})$,$\boldsymbol{\theta}_1 = [\theta_{11}, \theta_{12}, \cdots, \theta_{1N_1}]^{\mathrm{H}}$,$\theta_{1n_1} = a_{1n_1}\mathrm{e}^{\mathrm{j}\varphi_{1n}}$,$a_{1n_1} \in [0,1]$,$\forall n_1 \in N_1 \overset{\mathrm{d}}{=} \{1,\cdots,N_1\}$;$\boldsymbol{\Theta}_2$ 表示 IRS2 的相移对角矩阵,且定义 $\boldsymbol{\Theta}_2 = \mathrm{diag}(\theta_{21}, \theta_{22}, \cdots, \theta_{2N_2})$,其中,$\boldsymbol{\theta}_2 = [\theta_{21}, \theta_{22}, \cdots, \theta_{2N_2}]^{\mathrm{H}}$,$\theta_{2n_2} = a_{2n_2}\mathrm{e}^{\mathrm{j}\varphi_{2n}}$,$a_{2n_2} \in [0,1]$,$\forall n_2 \in N_2 \overset{\mathrm{d}}{=} \{1,\cdots,N_2\}$;$n_k \sim \mathrm{CN}(0,\sigma_0^2)$,表示用户 k 处接收机的高斯白噪声。IRS 通常通过调整各反射元件的负载电阻/阻抗控制反射幅值,相对于相位控制成本较低[85]。同时,为了最大化 IRS 辅助的反射波束增益,设置 $a_{1n_1}=1$、$a_{2n_2}=1$、$\forall n_1 \in N_1$、$\forall n_2 \in N_2$。此外,x 表示 BS 的发射基带信号,表示为

$$\boldsymbol{x} = \sum_{k=1}^{K} \boldsymbol{w}_k s_k \tag{6.2}$$

式中,s_k 为对用户 k 发射的信号,其为均值为 0、方差为 1 的独立随机变量;$\boldsymbol{w}_k \in \mathbb{C}^{M \times 1}$,代表对用户 k 的有源发射波束。

对于用户 k 来说,其他用户的发射信号可看作干扰,因此用户 k 的接收信噪比可以表示为

$$\mathrm{SINR}_k = \frac{|(\boldsymbol{g}_{u,k}\boldsymbol{\Theta}_2\boldsymbol{H}_2\boldsymbol{\Theta}_1\boldsymbol{H}_1 + \boldsymbol{g}_{u,k}\boldsymbol{\Theta}_2\boldsymbol{H}_3 + \boldsymbol{h}_{u,k}\boldsymbol{\Theta}_2\boldsymbol{H}_1)\boldsymbol{w}_k|^2}{\sum\limits_{i=1,i\neq k}^{K} |(\boldsymbol{g}_{u,k}\boldsymbol{\Theta}_2\boldsymbol{H}_2\boldsymbol{\Theta}_1\boldsymbol{H}_1 + \boldsymbol{g}_{u,k}\boldsymbol{\Theta}_2\boldsymbol{H}_3 + \boldsymbol{h}_{u,k}\boldsymbol{\Theta}_2\boldsymbol{H}_1)\boldsymbol{w}_i|^2 + \sigma_0^2} \tag{6.3}$$

式中，σ_0^2 表示复高斯信道白噪声的方差。相应地，用户 k 的速率可表示为 $R_k=\log_2(1+\mathrm{SINR}_k)$。

6.2.2　信道模型

由于直接链路被阻塞，因此本章构造双 IRS 辅助的级联链路来实现 BS 与用户之间的通信。假设实际信道包含视距与非视距部分，且将 BS-IRS1、BS-IRS2、IRS1-IRS2、IRS1-用户、IRS2-用户之间的信道建模为莱斯衰落信道。假设 BS 与 IRS 元件阵列配置分别为半波均匀线性阵列和半波均匀面阵列[76,173]。将信道 $\boldsymbol{H}_1$、$\boldsymbol{H}_2$、$\boldsymbol{H}_3$、$\boldsymbol{g}_{\mathrm{u},k}$、$\boldsymbol{h}_{\mathrm{u},k}$ 分别建模为

$$\boldsymbol{H}_1=L_1\left(\sqrt{\frac{\xi_1}{\xi_1+1}}\overline{\boldsymbol{H}}_1+\sqrt{\frac{1}{\xi_1+1}}\widetilde{\boldsymbol{H}}_1\right) \tag{6.4}$$

$$\boldsymbol{H}_2=L_2\left(\sqrt{\frac{\xi_2}{\xi_2+1}}\overline{\boldsymbol{H}}_2+\sqrt{\frac{1}{\xi_2+1}}\widetilde{\boldsymbol{H}}_2\right) \tag{6.5}$$

$$\boldsymbol{H}_3=L_3\left(\sqrt{\frac{\xi_3}{\xi+1}}\overline{\boldsymbol{H}}_3+\sqrt{\frac{1}{\xi_3+1}}\widetilde{\boldsymbol{H}}_3\right) \tag{6.6}$$

$$\boldsymbol{h}_{\mathrm{u},k}=L_{\mathrm{u}_1,k}\left(\sqrt{\frac{\xi_{\mathrm{u}_1,k}}{\xi_{\mathrm{u}_1,k}+1}}\overline{\boldsymbol{h}}_{\mathrm{u},k}+\sqrt{\frac{1}{\xi_{\mathrm{u}_1,k}+1}}\widetilde{\boldsymbol{h}}_{\mathrm{u},k}\right) \tag{6.7}$$

$$\boldsymbol{g}_{\mathrm{u},k}=L_{\mathrm{u}_2,k}\left(\sqrt{\frac{\xi_{\mathrm{u}_2,k}}{\xi_{\mathrm{u}_2,k}+1}}\overline{\boldsymbol{g}}_{\mathrm{u},k}+\sqrt{\frac{1}{\xi_{\mathrm{u},k}+1}}\widetilde{\boldsymbol{g}}_{\mathrm{u},k}\right) \tag{6.8}$$

式中，L_1、L_2、L_3、$L_{\mathrm{u}_1,k}$、$L_{\mathrm{u}_2,k}$ 和 ξ_1、ξ_2、ξ_3、$\xi_{\mathrm{u}_1,k}$、$\xi_{\mathrm{u}_2,k}$ 分别表示相应的大尺度路径损失和莱斯因子；$\overline{\boldsymbol{H}}_1\in\mathbb{C}^{N_1\times M}$、$\overline{\boldsymbol{H}}_2\in\mathbb{C}^{N_1\times N_2}$、$\overline{\boldsymbol{H}}_3\in\mathbb{C}^{N_2\times M}$、$\overline{\boldsymbol{h}}_{\mathrm{u},k}\in\mathbb{C}^{1\times N_1}$、$\overline{\boldsymbol{g}}_{\mathrm{u},k}\in\mathbb{C}^{1\times N_2}$，代表每个链路的视距部分，$\widetilde{\boldsymbol{H}}_1\in\mathbb{C}^{N_1\times M}$、$\widetilde{\boldsymbol{H}}_2\in\mathbb{C}^{N_1\times N_2}$、$\widetilde{\boldsymbol{H}}_3\in\mathbb{C}^{N_2\times M}$、$\widetilde{\boldsymbol{h}}_{\mathrm{u},k}\in\mathbb{C}^{1\times N_1}$、$\widetilde{\boldsymbol{g}}_{\mathrm{u},k}\in\mathbb{C}^{1\times N_2}$，代表每个链路的非视距部分，其元素为独立同分布的复高斯随机变量且服从分布 CN(0,1)。

本章假设 BS 和 IRS 的元素阵列分别为均匀线性阵列和均匀面阵列。因此 BS 和 IRS 的发射天线响应分别为

$$\begin{aligned}\boldsymbol{a}_M(\varphi)&=\left[1,\mathrm{e}^{\mathrm{j}2\pi\frac{d}{\lambda}\sin\varphi},\cdots,\mathrm{e}^{\mathrm{j}2\pi\frac{d}{\lambda}(M-1)\sin\varphi}\right]^{\mathrm{T}}\\ \boldsymbol{a}_N(\varphi_{\mathrm{A}},\varphi_{\mathrm{E}})&=\left\{1,\mathrm{e}^{\mathrm{j}2\pi\frac{d}{\lambda}(p\sin\varphi_{\mathrm{A}}\sin\varphi_{\mathrm{E}}+q\cos\varphi_{\mathrm{E}})},\cdots,\mathrm{e}^{\mathrm{j}2\pi\frac{d}{\lambda}[(P-1)\sin\varphi_{\mathrm{A}}\sin\varphi_{\mathrm{E}}+(Q-1)\cos\varphi_{\mathrm{E}}]}\right\}^{\mathrm{T}}\end{aligned} \tag{6.9}$$

式中，φ 表示入射信号的到达角和离开角；φ_{A} 和 φ_{E} 表示入射信号的方位角和仰角；λ 表示波长；d 表示天线间距，一般为半波长。因此，信道的视距部分可以表示如下：

$$\overline{\boldsymbol{H}}_1=\boldsymbol{a}_{N_1}(\varphi_{\mathrm{A}_{N1}},\varphi_{\mathrm{E}_{N1}})a_{\mathrm{M}}^{\mathrm{H}}(\varphi_{\mathrm{AoD},1}) \tag{6.10}$$

$$\overline{\boldsymbol{H}}_2=\boldsymbol{a}_{N_2}(\varphi_{\mathrm{A}_{N2}},\varphi_{\mathrm{E}_{N2}})\boldsymbol{a}_{N_1}^{\mathrm{H}}(\varphi_{\mathrm{A}_{N2}},\varphi_{\mathrm{E}_{N2}}) \tag{6.11}$$

$$\overline{\boldsymbol{H}}_3=\boldsymbol{a}_{N_2}(\varphi_{\mathrm{A}_{N2}},\varphi_{\mathrm{E}_{N2}})\boldsymbol{a}_M^{\mathrm{H}}(\varphi_{\mathrm{AoD},1}) \tag{6.12}$$

$$\overline{\boldsymbol{h}}_{\mathrm{u},k}=\boldsymbol{a}_{N_1}(\varphi_{\mathrm{A}_{N1}},\varphi_{\mathrm{E}_{N1}}) \tag{6.13}$$

$$\overline{\boldsymbol{g}}_{\mathrm{u},k}=\boldsymbol{a}_{N_2}(\varphi_{\mathrm{A}_{N2}},\varphi_{\mathrm{E}_{N2}}) \tag{6.14}$$

式中，$\varphi_{\mathrm{AoD},1}$ 表示 BS 处均匀线阵列的离开角；$\varphi_{\mathrm{A}_{N1}}$、$\varphi_{\mathrm{E}_{N1}}$ 和 $\varphi_{\mathrm{A}_{N2}}$、$\varphi_{\mathrm{E}_{N2}}$ 分别表示从 IRS1 到 IRS2 入射信号的方位角和仰角。

6.3 加权速率和最大化问题构建

本章考虑双 IRS 辅助的 MISO 系统通信，在满足发射功率约束的条件下，通过联合优化 BS 处的有源波束和 IRS 的协作无源波束，最大化用户的加权速率和。定义有源波束矩阵 $\boldsymbol{W}=[\boldsymbol{w}_1,\boldsymbol{w}_2,\cdots,\boldsymbol{w}_k]$，根据 MISO 系统的通信模型，相应的优化问题可以表示为

$$\begin{aligned}
\text{P6.1}:&\max_{\boldsymbol{W},\boldsymbol{\Theta}_1,\boldsymbol{\Theta}_2} R_1(\boldsymbol{W},\boldsymbol{\Theta}_1,\boldsymbol{\Theta}_2)=\sum_{k=1}^{K}\overline{\omega}_k\log(1+\mathrm{SINR}_k)\\
\text{s.t. }&C1:|\theta_{1n}(n_1)|=1,\ \forall n_1=1,\cdots,N_1\\
&C2:|\theta_{2n}(n_2)|=1,\ \forall n_2=1,\cdots,N_2\\
&C3:\sum_{k=1}^{K}\|\boldsymbol{w}_k\|^2\leqslant P_{\mathrm{t}}
\end{aligned} \tag{6.15}$$

式中，$\overline{\omega}_k(0\leqslant\overline{\omega}_k\leqslant1)$ 表示用户 k 的权重因子，且 $\sum_{k=1}^{K}\overline{\omega}_k=1$；$P_{\mathrm{t}}$ 表示 BS 的最大发射功率。由于问题 P6.1 的最优解与对数函数的底数无关，为了简化表达，本章采用自然对数。

问题 P6.1 的形式虽然简洁，但由于非凸目标函数中的优化变量 $\boldsymbol{W}$、$\boldsymbol{\Theta}_1$、$\boldsymbol{\Theta}_2$ 深度耦合，因此其求解难于 Wu 工作中的发射功率最小化问题[147]和 Huang 工作中的基于 ZF 发射问题[149]。而且，当 IRS 反射元数量 N 增加时，许多算法的复杂度也变得很高，如 Wu 采用的 SDR 算法的复杂度为 $O(N^6)$[147]。为了降低求解问题 P6.1 的复杂度，本章采用基于闭式分式规划法、近线性块坐标下降法和连续凸逼近法的闭式分式规划块坐标下降法求解联合优化问题 P6.1 的次优解。

6.4 问题求解及算法设计

为了求解联合优化问题 P6.1，采用低复杂度的闭式分式规划块坐标下降法。首先，通过闭式分式规划法将问题 P6.1 中的分式对数和问题转化为问题 P6.2 中易处

理的形式。接着，将问题 P6.2 分解成块并采用块坐标下降法获得驻点解。为了降低算法的复杂度，本章采用近线性块坐标下降法和连续凸逼近法更新块 $\boldsymbol{W}$ 和 $\boldsymbol{\Theta}_1$、$\boldsymbol{\Theta}_2$。下面对算法进行详细介绍。

6.4.1　闭式分式规划法

采用闭式分式规划法处理如下形式的分式对数和问题[174]。

$$\max_{x} \sum_{k=1}^{K} \overline{\omega}_k \log\left[1 + \frac{A_k(\boldsymbol{x})}{B_k(\boldsymbol{x})}\right] \tag{6.16}$$
$$\text{s.t. } \boldsymbol{x} \in \mathcal{X}$$

式中，$\boldsymbol{x}$ 泛指优化变量；$\overline{\omega}_k$ 表示非负的权重因子；$\mathcal{X}$ 为非空约束集合；任意 $A_k(\boldsymbol{x})$ 和 $B_k(\boldsymbol{x})$ 分别表示非负函数和正函数。

分式规划法包含两个重要部分：拉格朗日对偶转换和二次转换。为了处理问题 P6.1，先将其目标函数转化为如下形式：

$$\text{F1}:\max_{\boldsymbol{x}} \sum_{k=1}^{K} \overline{\omega}_k \log\left[1 + \frac{|C_k(\boldsymbol{x})|^2}{D_k(\boldsymbol{x}) - |C_k(\boldsymbol{x})|^2}\right] \tag{6.17}$$

式中，$\boldsymbol{x}$ 表示优化变量$(\boldsymbol{W},\boldsymbol{\Theta}_1,\boldsymbol{\Theta}_2)$。下面介绍拉格朗日对偶转换和二次转换过程。

1. 拉格朗日对偶转换

引入非负辅助变量 $\boldsymbol{\gamma}$，问题 P6.1 中的分式对数和函数可以等价转化为如下形式[175]：

$$f_k(\boldsymbol{\gamma},\boldsymbol{x}) = \log(1+\text{SINR}_k) = \log(1+\gamma_k) - \gamma_k + \frac{(1+\gamma_k)\text{SINR}_k}{1+\text{SINR}_k} \tag{6.18}$$

式中，$\boldsymbol{\gamma} = [\gamma_1,\cdots,\gamma_k]$ 且 γ_k 为 SINR_k 的引入辅助变量[175]。

证明　给定变量 $\boldsymbol{x}$，$f_k(\boldsymbol{\gamma},\boldsymbol{x})$ 是关于 $\boldsymbol{\gamma}$ 的可微凹函数，根据 $\partial f_k/\partial\gamma_k = 0$ 可以得到最优的 $\boldsymbol{\gamma}^*$ 且 $\gamma_k^* = \text{SINR}_k$。将最优 $\boldsymbol{\gamma}^*$ 代入 f_k 可以准备恢复问题 P6.1 的目标函数，因此等价性成立，证毕。

相应地，问题 F1 可以等价转化为如下形式的问题 F2：

$$\text{F2}:\max_{\boldsymbol{x},\boldsymbol{\gamma}} \sum_{k=1}^{K} \overline{\omega}_k \left[\log(1+\gamma_k) - \gamma_k + (1+\gamma_k)\frac{|C_k(\boldsymbol{x})|^2}{D_k(\boldsymbol{x})}\right] \tag{6.19}$$
$$\text{s.t. } \gamma_k \geqslant 0, \forall k = 1,2,\cdots,K$$

式中，$\boldsymbol{\gamma}$ 表示辅助变量集 $\{\gamma_1,\gamma_2,\cdots,\gamma_K\}$。

2. 二次转换

现在采用二次转换法处理如下形式的分式和问题：

$$\max_{\boldsymbol{x}} \sum_{k=1}^{K} \frac{\overline{\omega}_k(1+\gamma_k)|C_k(\boldsymbol{x})|^2}{D_k(\boldsymbol{x})} \tag{6.20}$$

通过引入辅助变量 $\boldsymbol{\beta}$，上述问题可以等价转化为[174]

$$\max_{\boldsymbol{x},\boldsymbol{\beta}} \sum_{k=1}^{K} \left\{ 2\sqrt{\bar{\omega}_k(1+\gamma_k)}\,\mathrm{Re}[\beta_k^* C_k(\boldsymbol{x})] - |\beta_k|^2 D_k(\boldsymbol{x}) \right\} \tag{6.21}$$

证明 固定变量 $\boldsymbol{x}$，根据文献[169]中定理1，式(6.21)中的目标函数是关于 β_k 的可微凹函数，式(6.21)对 β_k 求导，即根据 $\partial\{2\sqrt{\bar{\omega}_k(1+\gamma_k)}\,\mathrm{Re}[\beta_k^* C_k(\boldsymbol{x})] - |\beta_k|^2 D_k(\boldsymbol{x})\}/\partial\beta_k = 0$ 获得最优的 $\beta_k = \sqrt{\bar{\omega}_k(1+\gamma_k)}\,C_k(\boldsymbol{x})/D_k(\boldsymbol{x})$。将最优的 β_k 代入式(6.21)，验证上述问题转化的等价性。因此，等价性成立，证毕。

接着，如下设置 $C_k(\boldsymbol{x})$ 和 $D_k(\boldsymbol{x})$：

$$C_k(\boldsymbol{x}) = (\boldsymbol{g}_{\mathrm{u},k}\boldsymbol{\Theta}_2\boldsymbol{H}_2\boldsymbol{\Theta}_1\boldsymbol{H}_1 + \boldsymbol{g}_{\mathrm{u},k}\boldsymbol{\Theta}_2\boldsymbol{H}_3 + \boldsymbol{h}_{\mathrm{u},k}\boldsymbol{\Theta}_2\boldsymbol{H}_1)\boldsymbol{w}_k,\ \forall k \in K \tag{6.22}$$

$$D_k(\boldsymbol{x}) = \sum_{i=1}^{K} |(\boldsymbol{g}_{\mathrm{u},k}\boldsymbol{\Theta}_2\boldsymbol{H}_2\boldsymbol{\Theta}_1\boldsymbol{H}_1 + \boldsymbol{g}_{\mathrm{u},k}\boldsymbol{\Theta}_2\boldsymbol{H}_3 + \boldsymbol{h}_{\mathrm{u},k}\boldsymbol{\Theta}_2\boldsymbol{H}_1)\boldsymbol{w}_i|^2 + \sigma_0^2,\ \forall k \in K \tag{6.23}$$

代入式(6.22)和式(6.23)，并采用闭式分式规划法将原优化问题P6.1转化为如下形式：

$$\begin{aligned}
\mathrm{P6.2}:\ &\max_{\boldsymbol{\gamma},\boldsymbol{\beta},\boldsymbol{W},\boldsymbol{\Theta}_1,\boldsymbol{\Theta}_2} R_2(\boldsymbol{\gamma},\boldsymbol{\beta},\boldsymbol{W},\boldsymbol{\Theta}_1,\boldsymbol{\Theta}_2)\\
\mathrm{s.t.}\ &C1: |\theta_{1n}(n_1)| = 1,\ \forall n_1 = 1,\cdots,N_1\\
&C2: |\theta_{2n}(n_2)| = 1,\ \forall n_2 = 1,\cdots,N_2\\
&C3: \sum_{k=1}^{K} \|\boldsymbol{w}_k\|^2 \leqslant P_{\mathrm{t}}\\
&C4: \gamma_k \geqslant 0,\ \forall k = 1,\cdots,K
\end{aligned} \tag{6.24}$$

新的目标函数表示为

$$\begin{aligned}
R_2(\boldsymbol{\gamma},\boldsymbol{\beta},\boldsymbol{W},\boldsymbol{\Theta}_1,\boldsymbol{\Theta}_2) = &\sum_{k=1}^{K}\bar{\omega}_k[\log(1+\gamma_k) - \gamma_k] +\\
&\sum_{k=1}^{K} 2\sqrt{\bar{\omega}_k(1+\lambda_k)}\,\mathrm{Re}[\beta_k^*(\boldsymbol{g}_{\mathrm{u},k}\boldsymbol{\Theta}_2\boldsymbol{H}_2\boldsymbol{\Theta}_1\boldsymbol{H}_1 +\\
&\boldsymbol{g}_{\mathrm{u},k}\boldsymbol{\Theta}_2\boldsymbol{H}_3 + \boldsymbol{h}_{\mathrm{u},k}\boldsymbol{\Theta}_1\boldsymbol{H}_1)\boldsymbol{w}_k] -\\
&\sum_{k=1}^{K}|\beta_k|^2\Big[\sum_{j=1}^{K}|(\boldsymbol{g}_{\mathrm{u},k}\boldsymbol{\Theta}_2\boldsymbol{H}_2\boldsymbol{\Theta}_1\boldsymbol{H}_1 + \boldsymbol{g}_{\mathrm{u},k}\boldsymbol{\Theta}_2\boldsymbol{H}_3 + \boldsymbol{h}_{\mathrm{u},k}\boldsymbol{\Theta}_1\boldsymbol{H}_1)\boldsymbol{w}_j|^2 + \sigma_0^2\Big]
\end{aligned} \tag{6.25}$$

6.4.2 非凸块坐标下降法

采用非凸块坐标下降法处理优化问题P6.2。将问题P6.2分解为变量分别为 $\boldsymbol{\gamma}$、$\boldsymbol{\beta}$、$\boldsymbol{W}$、$\boldsymbol{\Theta}_1$ 和 $\boldsymbol{\Theta}_2$ 的5个子问题，通过解决各个子问题来获得问题P6.2的驻点解。由于块坐标下降法是一种迭代算法，将循环更新变量 $\boldsymbol{\gamma}$、$\boldsymbol{\beta}$、$\boldsymbol{W}$、$\boldsymbol{\Theta}_1$ 和 $\boldsymbol{\Theta}_2$。换句话说，当求解其中一个变量时，将其他变量看作常数，并用上次迭代的最优值代替。因此，很容易得

到如下 γ_k 和 β_k 的闭式解：

$$\gamma_k=\frac{\dfrac{|\mathrm{Re}\{\hat{\beta}_k^*\hat{\boldsymbol{h}}_k\hat{\boldsymbol{w}}_k\}|^2}{\bar{\omega}_k}+\dfrac{\mathrm{Re}\{\hat{\beta}_k^*\hat{\boldsymbol{h}}_k\hat{\boldsymbol{w}}_k\}}{\sqrt{\bar{\omega}_k}}\sqrt{\dfrac{|\mathrm{Re}\{\hat{\beta}_k^*\hat{\boldsymbol{h}}_k\hat{\boldsymbol{w}}_k\}|^2}{\bar{\omega}_k}+4}}{2} \tag{6.26}$$

$$\beta_k=\frac{\sqrt{\bar{\omega}_k(1+\hat{\gamma}_k)}\,\hat{\boldsymbol{h}}_k\hat{\boldsymbol{w}}_k}{\sum\limits_{i=1}^{K}|\hat{\boldsymbol{h}}_k\hat{\boldsymbol{w}}_i|^2+\sigma_0^2} \tag{6.27}$$

式中，$\hat{\boldsymbol{h}}_k=\boldsymbol{g}_{\mathrm{u},k}\hat{\boldsymbol{\Theta}}_2\boldsymbol{H}_2\hat{\boldsymbol{\Theta}}_1\boldsymbol{H}_1+\boldsymbol{g}_{\mathrm{u},k}\hat{\boldsymbol{\Theta}}_2\boldsymbol{H}_3+\boldsymbol{h}_{\mathrm{u},k}\hat{\boldsymbol{\Theta}}_1\boldsymbol{H}_1$。但在实际操作中，采用瞬时 SINR 更新 γ_k。我们发现该算法并不是传统的块坐标下降法。由于该算法的目标函数不固定，如求解 $\boldsymbol{\gamma}$ 时使用问题 F2 的目标函数进行更新，求解 $\boldsymbol{\beta}$、$\boldsymbol{W}$、$\boldsymbol{\Theta}_1$ 和 $\boldsymbol{\Theta}_2$ 时使用问题 P6.2 中的目标函数进行更新，因此，虽然其不是块坐标下降法，但是对于单调非递减的加权速率和函数 $R_1(\boldsymbol{W},\boldsymbol{\Theta}_1,\boldsymbol{\Theta}_2)$ 收敛性依然成立，具体证明过程如下：

证明　首先，介绍如下两个简单并容易被证实的引理。

【引理 6.1】　对于不等式 $R_1(\boldsymbol{W},\boldsymbol{\Theta}_1,\boldsymbol{\Theta}_2)\geqslant f_k(\boldsymbol{\gamma},\boldsymbol{W},\boldsymbol{\Theta}_1,\boldsymbol{\Theta}_2)$，当且仅当 $\boldsymbol{\gamma}$ 满足以下条件，即 $\gamma_k=\mathrm{SINR}_k(k=1,2,\cdots,K)$ 时，等号成立。

【引理 6.2】　对于不等式 $f_k(\boldsymbol{\gamma},\boldsymbol{W},\boldsymbol{\Theta}_1,\boldsymbol{\Theta}_2)\geqslant R_2(\boldsymbol{\gamma},\boldsymbol{\beta},\boldsymbol{W},\boldsymbol{\Theta}_1,\boldsymbol{\Theta}_2)$，当且仅当 $\boldsymbol{\beta}$ 满足式(6.27)时，等号成立。

定义上标 I 表示每个变量的迭代索引，且辅助变量 $\boldsymbol{\gamma}^{(I)}$ 由 $\gamma_k=\mathrm{SINR}_k(k=1,2,\cdots,K)$ 确定。同时，给定$[\boldsymbol{\gamma}^{(I)},\boldsymbol{W}^{(I)},\boldsymbol{\Theta}_1^{(I)},\boldsymbol{\Theta}_2^{(I)}]$的值，辅助变量 $\boldsymbol{\beta}^{(I)}$ 由式(6.27)确定。定义 $\hat{\boldsymbol{\beta}}$ 代表式(6.27)代入$[\boldsymbol{\gamma}^{(I)},\boldsymbol{W}^{(I+1)},\boldsymbol{\Theta}_1^{(I+1)},\boldsymbol{\Theta}_2^{(I+1)}]$值的结果。因此，

$$R_1[\boldsymbol{W}^{(I+1)},\boldsymbol{\Theta}_1^{(I+1)},\boldsymbol{\Theta}_2^{(I+1)}]=f_k[\boldsymbol{\gamma}^{(I+1)},\boldsymbol{W}^{(I+1)},\boldsymbol{\Theta}_1^{(I+1)},\boldsymbol{\Theta}_2^{(I+1)}] \tag{6.28a}$$

$$\geqslant f_k[\boldsymbol{\gamma}^{(I)},\boldsymbol{W}^{(I+1)},\boldsymbol{\Theta}_1^{(I+1)},\boldsymbol{\Theta}_2^{(I+1)}] \tag{6.28b}$$

$$=R_2[\boldsymbol{\gamma}^{(I)},\hat{\boldsymbol{\beta}}^{(I)},\boldsymbol{W}^{(I+1)},\boldsymbol{\Theta}_1^{(I+1)},\boldsymbol{\Theta}_2^{(I+1)}] \tag{6.28c}$$

$$\geqslant R_2[\boldsymbol{\gamma}^{(I)},\boldsymbol{\beta}^{(I)},\boldsymbol{W}^{(I+1)},\boldsymbol{\Theta}_1^{(I+1)},\boldsymbol{\Theta}_2^{(I+1)}] \tag{6.28d}$$

$$\geqslant R_2[\boldsymbol{\gamma}^{(I)},\boldsymbol{\beta}^{(I)},\boldsymbol{W}^{(I)},\boldsymbol{\Theta}_1^{(I)},\boldsymbol{\Theta}_2^{(I)}] \tag{6.28e}$$

$$=f_k[\boldsymbol{\gamma}^{(I)},\boldsymbol{W}^{(I)},\boldsymbol{\Theta}_1^{(I)},\boldsymbol{\Theta}_2^{(I)}] \tag{6.28f}$$

$$=R_1[\boldsymbol{W}^{(I)},\boldsymbol{\Theta}_1^{(I)},\boldsymbol{\Theta}_2^{(I)}] \tag{6.28g}$$

其中，(6.28a)由引理 6.1 所得；当其他变量固定时，$\boldsymbol{\gamma}$ 的更新最大化 f_k，因此(6.28b)成立；(6.28c)由引理 6.2 所得；当其他变量固定时，$\boldsymbol{\beta}$ 的更新最大化 R_2，因此(6.28d)成立；联合更新 $\boldsymbol{W}$、$\boldsymbol{\Theta}_1$ 和 $\boldsymbol{\Theta}_2$ 最大化 R_2，因此(6.28e)成立；(6.28f)由引理 6.1 所得；(6.28g)由引理 6.2 所得。因此，在迭代过程中，目标函数 R_1 是单调非递减的。由于问题 P6.1 有约束 $C1$、$C2$、$C3$，所以目标函数 R_1 是有界的，算法必定收敛，收敛性证毕。

6.4.3 近线性块坐标下降法

下面通过处理子问题 P6.3 来更新有源波束 $\boldsymbol{W}$。其中，问题 P6.3 表示为

$$\begin{aligned}\text{P6.3}: \boldsymbol{W} &= \arg\max_{\boldsymbol{W}} R_3(\boldsymbol{W}) \\ \text{s.t.} &\sum_{k=1}^{K} \|\boldsymbol{w}_k\|^2 \leqslant P_{\mathrm{t}}\end{aligned} \tag{6.29}$$

式中，$R_3(\boldsymbol{W}) = R_2(\hat{\boldsymbol{\gamma}}, \hat{\boldsymbol{\beta}}, \boldsymbol{W}, \hat{\boldsymbol{\Theta}}_1, \hat{\boldsymbol{\Theta}}_2)$。根据拉格朗日对偶法，$\boldsymbol{w}_k$ 更新如下：

$$\boldsymbol{w}_k = \sqrt{\overline{\omega}_k(1+\hat{\gamma}_k)}\hat{\beta}_k\left(\mu \boldsymbol{I}_M + \sum_{j=1}^{K} |\hat{\beta}_j|^2 \hat{\boldsymbol{h}}_j \hat{\boldsymbol{h}}_j^{\mathrm{H}}\right)^{-1} \hat{\boldsymbol{h}}_k \tag{6.30}$$

式中，μ 表示问题 P6.3 中约束的最优对偶因子。然而，式(6.30)中的矩阵逆操作计算成本高，其复杂度为 $O(KM^3)$，且搜索对偶因子 μ 也会增加计算复杂度。

为了降低算法的复杂度，采用近线性块坐标下降法处理问题 P6.3，以避免矩阵逆操作和搜索 μ[176]。因此，优化问题 P6.3 可以重写为

$$\begin{aligned}&\text{P6.4}: W = \arg\max_{W} \sum_{k=1}^{K} \left\{ \mathrm{Re}\left[\langle \nabla R_3(\boldsymbol{w}_k), (\boldsymbol{w}_k - \widehat{\boldsymbol{w}}_k)\rangle\right] + \frac{\rho \|\boldsymbol{w}_k - \widehat{\boldsymbol{w}}_k\|^2}{2}\right\} \\ &\text{s.t.} \sum_{k=1}^{K} \|\boldsymbol{w}_k\|^2 \leqslant P_{\mathrm{t}}\end{aligned} \tag{6.31}$$

式中，ρ 表示$\nabla R_3(\boldsymbol{w}_k)$的非负利普希茨常数，且$\nabla R_3(\boldsymbol{w}_k)$表示如下：

$$\nabla R_3(\boldsymbol{w}_k) = -\frac{\partial f_2}{\partial \boldsymbol{w}_k}\bigg|_{\boldsymbol{w}_k = \widehat{\boldsymbol{w}}_k} = -2\sqrt{\overline{\omega}_k(1+\hat{\gamma}_k)}\hat{\beta}_k \hat{\boldsymbol{h}}_k + 2\sum_{j=1}^{K} |\hat{\beta}_j|^2 \hat{\boldsymbol{h}}_j \hat{\boldsymbol{h}}_j^{\mathrm{H}} \widehat{\boldsymbol{w}}_k \tag{6.32}$$

式中，$\widehat{\boldsymbol{w}}_k = \hat{\boldsymbol{w}}_k + \zeta(\hat{\boldsymbol{w}}_k - \overline{\boldsymbol{w}}_k)$，是一个外推点，$\zeta>0$ 表示外推权重，$\overline{\boldsymbol{w}}_k$ 表示 $\boldsymbol{w}_k$ 上次更新前的值。$\boldsymbol{w}_k$ 的更新式可以表示为

$$\boldsymbol{w}_k = \frac{[\rho \widehat{\boldsymbol{w}}_k - \nabla R_3(\widehat{\boldsymbol{w}}_k)]}{\rho - 2\mu} \tag{6.33}$$

$$\mu = \frac{\rho}{2} - \frac{1}{2P_{\mathrm{t}}} \sum_{k=1}^{K} \|\rho \widehat{\boldsymbol{w}}_k - \nabla R_3(\widehat{\boldsymbol{w}}_k)\|^2 \tag{6.34}$$

$$\rho = 2\left\|\sum_{k=1}^{K} |\hat{\beta}_k|^2 \hat{\boldsymbol{h}}_k \hat{\boldsymbol{h}}_k^{\mathrm{H}}\right\|_F \tag{6.35}$$

因此，算法复杂度降低为 $O(KM^2)$。外推权重 ζ 表示为 $\zeta = \min[(a-1)/\hat{a}, 0.9999\sqrt{\hat{\rho}/\rho}]$，$\hat{a}$、$\hat{\rho}$ 表示上次迭代采用的值，a 的定义为 $a=0.5\left(1+\sqrt{1+4\hat{a}^2}\right)$ 且初始值为 1。由于 $R_2(\boldsymbol{W})$ 为强凸函数且满足 Kurdyka-Lojasiewicz 性质，外推近线性块坐标下降法的收敛性成立[176]。

6.4.4 连续凸近似法

固定其他变量,采用连续凸近似方法求解 $\boldsymbol{\theta}_1$。移除不相关常数项后,通过解决如下子问题更新 $\boldsymbol{\theta}_1$。

$$\begin{aligned}&\boldsymbol{\theta}_1=\arg\min_{\boldsymbol{\theta}_1} R_4(\boldsymbol{\theta}_1)\overset{\mathrm{d}}{=}\boldsymbol{\theta}_1^{\mathrm{H}}\boldsymbol{U}_1\boldsymbol{\theta}_1-2\mathrm{Re}\{\boldsymbol{\theta}_1^{\mathrm{H}}\boldsymbol{v}_1\}\\&\mathrm{s.t.}\ |\theta_{1n_1}|=1,\ \forall n_1=1,2,\cdots,N_1\end{aligned}\tag{6.36}$$

且 $\boldsymbol{U}_1$ 和 $\boldsymbol{v}_1$ 分别表示为

$$\begin{aligned}\boldsymbol{U}_1&=\sum_{k=1}^{K}|\beta_k|^2\sum_{i=1}^{K}\hat{\boldsymbol{x}}_{i,k}\hat{\boldsymbol{x}}_{i,k}^{\mathrm{H}}\\\boldsymbol{v}_1&=\sum_{k=1}^{K}\left[\sqrt{\omega_k(1+\gamma_k)}\hat{\beta}_k^*\hat{\boldsymbol{x}}_{k,k}-|\beta_k|^2\sum_{i=1}^{K}\hat{\boldsymbol{y}}_{i,k}\hat{\boldsymbol{x}}_{i,k}\right]\end{aligned}\tag{6.37}$$

式中,$\hat{\boldsymbol{x}}_{i,k}=[\mathrm{diag}(\boldsymbol{g}_{\mathrm{u},k}\hat{\boldsymbol{\Theta}}_2\boldsymbol{H}_2)\boldsymbol{H}_1+\mathrm{diag}(\boldsymbol{h}_{\mathrm{u},k})\boldsymbol{H}_1]\hat{\boldsymbol{w}}_i$,$\hat{\boldsymbol{y}}_{i,k}=\boldsymbol{g}_{\mathrm{u},k}\boldsymbol{\Theta}_2\boldsymbol{H}_3\hat{\boldsymbol{w}}_i$。将 $\boldsymbol{\theta}_1$ 替换为 $\boldsymbol{\varphi}_1$,目标函数重写为如下形式:

$$\boldsymbol{\varphi}_1=\arg\min_{\boldsymbol{\varphi}_1\in\mathbb{R}^{N_1}} R_5(\boldsymbol{\varphi}_1)=(\mathrm{e}^{\mathrm{j}\boldsymbol{\varphi}_1})^{\mathrm{H}}U_1(\mathrm{e}^{\mathrm{j}\boldsymbol{\varphi}_1})-2\mathrm{Re}\{\boldsymbol{v}_1^{\mathrm{H}}\mathrm{e}^{\mathrm{j}\boldsymbol{\varphi}_1}\}\tag{6.38}$$

式中,$\boldsymbol{\varphi}_1=[\varphi_{11},\varphi_{12},\cdots,\varphi_{1N_1}]^{\mathrm{T}}$。

然而,问题目标函数 $R_5(\boldsymbol{\varphi}_1)$ 非凸,优化问题难以求解。采用连续凸近似法将式(6.38)转化为相应的替代问题,块坐标下降法收敛性仍然成立[177]。因此,替代函数可以表示为

$$\boldsymbol{\varphi}_1=\arg\min_{\boldsymbol{\varphi}_1\in\mathbb{R}^{N_1}} R_6(\boldsymbol{\varphi}_1,\hat{\boldsymbol{\varphi}}_1)\tag{6.39}$$

采用相应的一阶泰勒展开函数构造替代函数,替代函数可表示为

$$R_6(\boldsymbol{\varphi}_1,\hat{\boldsymbol{\varphi}}_1)=R_5(\hat{\boldsymbol{\varphi}}_1)+\langle\nabla R_5(\hat{\boldsymbol{\varphi}}_1),(\boldsymbol{\varphi}_1-\hat{\boldsymbol{\varphi}}_1)\rangle+\frac{\lambda}{2}\|\boldsymbol{\varphi}_1-\hat{\boldsymbol{\varphi}}_1\|^2\tag{6.40}$$

式中,$\nabla R_5(\hat{\boldsymbol{\varphi}}_1)=2\mathrm{Re}\{-\mathrm{j}\hat{\boldsymbol{\theta}}_1^*\circ(\boldsymbol{U}_1\hat{\boldsymbol{\theta}}_1-\boldsymbol{v}_1)\}$,表示梯度。同时,替代函数需要满足参考文献[172]中命题 1 的条件。最终,$\boldsymbol{\varphi}_1$ 的更新式表示为

$$\boldsymbol{\varphi}_1=\hat{\boldsymbol{\varphi}}_1-\frac{\nabla R_5(\hat{\boldsymbol{\varphi}}_1)}{\lambda}\tag{6.41}$$

为了求解 $\boldsymbol{\varphi}_2$,令

$$\hat{\boldsymbol{x}}_{i,k}=[\mathrm{diag}(\boldsymbol{g}_{\mathrm{u},k})\boldsymbol{H}_2\hat{\boldsymbol{\Theta}}_1\boldsymbol{H}_1+\mathrm{diag}(\boldsymbol{g}_{\mathrm{u},k})\boldsymbol{H}_3]\hat{\boldsymbol{w}}_i\tag{6.42}$$

$$\hat{\boldsymbol{y}}_{i,k}=\boldsymbol{h}_{\mathrm{u},k}\hat{\boldsymbol{\Theta}}_1\boldsymbol{H}_1\hat{\boldsymbol{w}}_i\tag{6.43}$$

$\boldsymbol{\varphi}_2$ 的求解过程与 $\boldsymbol{\varphi}_1$ 相同,因此此处省略 $\boldsymbol{\varphi}_2$ 的求解过程。算法 6.1 和算法 6.2 给出了具体求解过程。首先,采用闭式分式规划法将原目标函数中的分数对数和形式重写为较易处理的形式,然后采用块坐标下降法迭代更新优化变量。

6.4.5 算法复杂度分析

与交替优化算法相比,采用近线性块坐标下降法更新 $\boldsymbol{W}$,消除了 WMMSE 方法的矩阵逆运算。此外,采用连续凸近似方法代替黎曼共轭梯度法更新 IRS 相位,后者需要较高的精度输出 $\boldsymbol{\theta}_1$ 和 $\boldsymbol{\theta}_2$。当子问题都采用迭代法求解时,交替优化算法收敛较慢,其计算复杂度难以接受。

根据算法 6.1 和算法 6.2(表 6.1、表 6.2)更新 $\boldsymbol{\gamma}$、$\boldsymbol{\beta}$、$\boldsymbol{W}$、$\boldsymbol{\theta}_1$ 和 $\boldsymbol{\theta}_2$ 的计算复杂度,分别为 $O(KNM)$、$O(KNM)$、$O(KM^2)$、$O(K^2N^2)$ 和 $O(K^2N^2)$。因此,本章使用算法的总复杂度为 $O[I_0(2KNM+KM^2+2K^2N^2)]$,其中,$I_0$ 表示迭代次数。因此,利用低复杂度的分式规划块坐标下降法可以有效地解决联合优化问题。

表 6.1　为求解 $\boldsymbol{\varphi}_1$、$\boldsymbol{\varphi}_2$ 更新 $\boldsymbol{U}_1$、$\boldsymbol{v}_1$ 和 $\boldsymbol{U}_2$、$\boldsymbol{v}_2$

算法 6.1 求解 $\boldsymbol{\varphi}_1$、$\boldsymbol{\varphi}_2$,更新 $\boldsymbol{U}_1$、$\boldsymbol{v}_1$ 和 $\boldsymbol{U}_2$、$\boldsymbol{v}_2$
1. 根据式(6.27)更新 $\boldsymbol{\beta}$;
2. 根据式(6.32)更新 $\boldsymbol{W}$;
3. 根据式(6.26)更新 $\boldsymbol{\gamma}$;
4. 根据式(6.27)更新 $\boldsymbol{\beta}$;
5. 设置 $\hat{\boldsymbol{x}}_{i,k}=[\mathrm{diag}(\boldsymbol{g}_{\mathrm{u},k}\hat{\boldsymbol{\Theta}}_2\boldsymbol{H}_2)\boldsymbol{H}_1+\mathrm{diag}(\boldsymbol{h}_{\mathrm{u},k})\boldsymbol{H}_1]\hat{\boldsymbol{w}}_i$,$\hat{\boldsymbol{y}}_{i,k}=\boldsymbol{g}_{\mathrm{u},k}\boldsymbol{\Theta}_2\boldsymbol{H}_3\hat{\boldsymbol{w}}_i$,更新 $\boldsymbol{U}_1$、$\boldsymbol{v}_1$,求解 $\boldsymbol{\varphi}_1$;
6. 设置 $\hat{\boldsymbol{x}}_{i,k}=[\mathrm{diag}(\boldsymbol{g}_{\mathrm{u},k})\boldsymbol{H}_2\hat{\boldsymbol{\Theta}}_1\boldsymbol{H}_1+\mathrm{diag}(\boldsymbol{g}_{\mathrm{u},k})\boldsymbol{H}_3]\hat{\boldsymbol{w}}_i$,$\hat{\boldsymbol{y}}_{i,k}=\boldsymbol{h}_{\mathrm{u},k}\hat{\boldsymbol{\Theta}}_1\boldsymbol{H}_1\hat{\boldsymbol{w}}_i$,更新 $\boldsymbol{U}_2$、$\boldsymbol{v}_2$,求解 $\boldsymbol{\varphi}_2$

表 6.2　低复杂度闭式分式规划块坐标下降法

算法 6.2 低复杂度闭式分式规划块坐标下降法
1. 初始化 $\boldsymbol{W}^{(0)}$、$\boldsymbol{\theta}_1^{(0)}$、$\boldsymbol{\theta}_2^{(0)}$;
2. 根据式(6.26)和式(6.27)初始化 $\boldsymbol{\gamma}^{(0)}$ 和 $\boldsymbol{\beta}^{(0)}$,设置 $I=0$;
重复
3. 根据算法 6.1 更新 $\boldsymbol{U}_1$、$\boldsymbol{v}_1$ 和 $\boldsymbol{U}_2$、$\boldsymbol{v}_2$;
4. 根据 $\boldsymbol{\varphi}_1^{(I)}$、$\boldsymbol{\varphi}_2^{(I)}$、$\boldsymbol{\gamma}^{(I)}$ 和 $\boldsymbol{W}^{(I)}$,将 $\nabla R_5(\boldsymbol{\varphi})$ 的利普希茨常数设置为 $\boldsymbol{\lambda}$;
5. 设置 $I=I+1$;
6. 更新 $\boldsymbol{W}^{(I)}$、$\boldsymbol{\gamma}^{(I)}$、$\boldsymbol{\beta}^{(I)}$、$\boldsymbol{\varphi}_1^{(I)}$、$\boldsymbol{\varphi}_2^{(I)}$;
直到问题 P6.2 中的目标函数收敛

6.5　仿真结果与分析

下面通过数值仿真来评估双 IRS 辅助的通信系统和所提出算法的有效性。图 6.2 给出了双 IRS 辅助的 MISO 系统的仿真场景图，该系统由 1 个 BS、2 个 IRS 和 4 个($K=4$)用户组成。BS 设置为均匀线性阵列配置，两个 IRS 设置为均匀面阵列配置。利用三维坐标系标记图 6.2 中位置信息，其中，BS、IRS1 和 IRS 的坐标分别为(0 m, 20 m, 10 m)、(0 m, 0 m, 10 m)和(d, 0 m, 10 m)，d 表示 IRS1 和 IRS2 之间的距离。假设用户随机分布在圆心为(100 m, 20 m, 2 m)、半径为 10 m 的圆内。仿真参数如表 6.3 所示[74]。考虑到用户间的公平性，将用户权重设置为级联链路总路径损失的倒数并归一化。

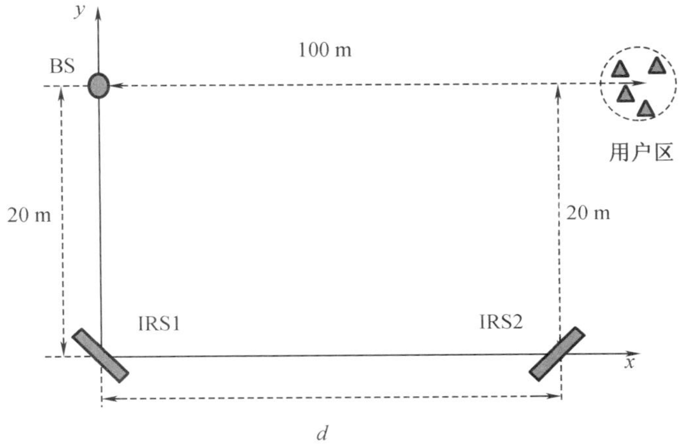

图 6.2　双 IRS 辅助的 MISO 系统的仿真场景图

表 6.3　双 IRS 辅助的 MISO 系统的仿真参数表

参数	设定值
BS 位置/m	(0, 20, 10)
用户位置分布中心/m	(100, 20, 2)
载波频率/GHz	3.5
系统带宽 /MHz	1
噪声功率谱密度(dBm/Hz)	−170
$\boldsymbol{H}_1$、$\boldsymbol{H}_2$、$\boldsymbol{H}_3$、$\boldsymbol{h}_{u,k}$、$\boldsymbol{g}_{u,k}$ 路径损失/dB	$35.6+22.0\lg d$

为了评估本章提出方案的性能，对比了如下 4 种方案：

(1)双 IRS 随机相位方案(double-IRS random phase)

随机初始化 IRS 相位 $\boldsymbol{\theta}_1$ 和 $\boldsymbol{\theta}_2$，并采用 WMMSE 方法优化 $\boldsymbol{W}$。

(2)交替优化方案(double-IRS alteropt)

采用 WMMSE 方法和黎曼共轭梯度法交替优化 $\boldsymbol{W}$、$\boldsymbol{\theta}_1$ 和 $\boldsymbol{\theta}_2$[141]。

(3)单 IRS 优化相位方案(single-IRS FPBCD)

考虑单 IRS 辅助的 MISO 系统，采用提出的闭式分式规划块坐标下降法对变量进行优化。

(4)双 IRS 优化相位方案(double-IRS FPBCD)

考虑双 IRS 辅助的 MISO 系统，采用提出的闭式分式规划块坐标下降法对变量进行优化。

为了证明采用算法的收敛性，图 6.3 对比了 $N_1=100$、$N_2=100$、$P_t=5$ dBm 时，以上 4 种方案的收敛性行为。除了双 IRS 随机相位方案，其他方案的加权速率和随着迭代次数的增加而增长。单 IRS 优化相位方案和双 IRS 优化相位方案分别在 10 次和 30 次迭代次数内收敛。由于闭式分式规划块坐标下降法复杂度低，收敛速率略快于交替优化方案。

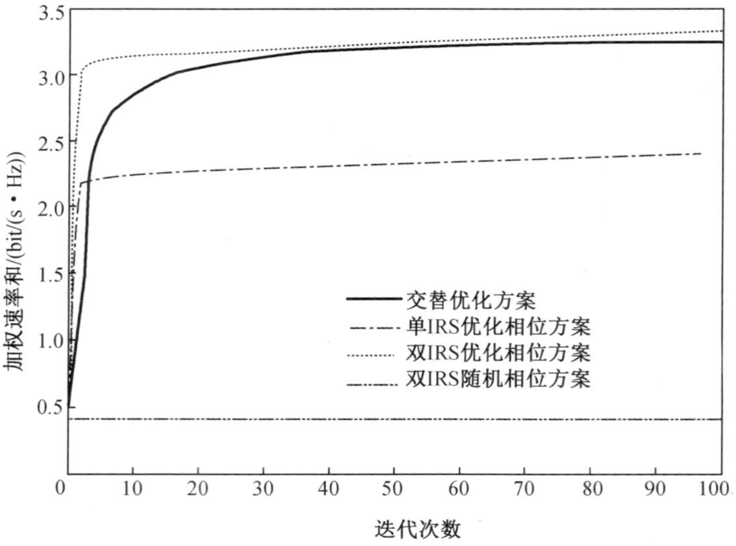

图 6.3　4 种方案收敛性对比

当 $N_1=100$ 个、$N_2=100$ 个时，图 6.4 研究了基站发射功率 P_t 对所有用户加权速率和的影响。从图 6.4 中可以看出，随着基站发射功率 P_t 的增加，4 种方案的加权速率和均有所增加。但是，在没有直接链路的情况下，如果对双 IRS 辅助系统的 IRS 相位不进行优化，其性能增益可以忽略不计，且加权速率和远低于其他方案。此外，双IRS辅助系统的加权速率和优于单IRS辅助系统。这主要是因为该方法可以建设性地在用户处增加双IRS链路和单IRS链路，从而增强无线传播环境，有利于提高用户加权速率和。

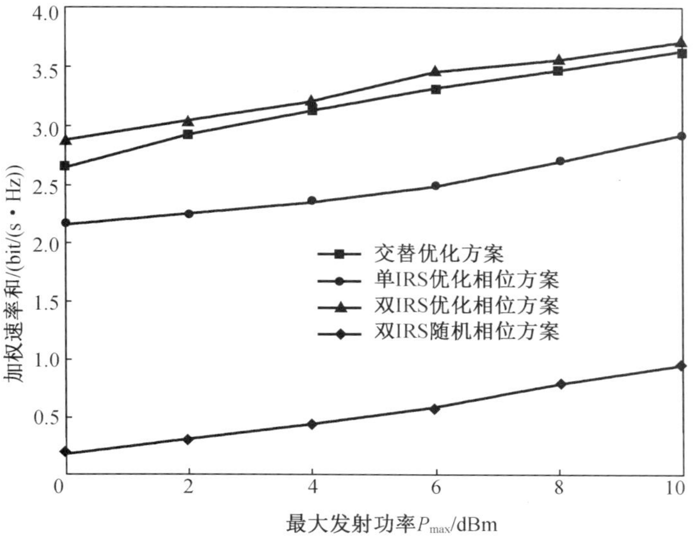

图6.4　基站发射功率对加权速率和的影响

当IRS1和IRS2坐标分别为（0 m, 0 m, 10 m）和（100 m, 0 m, 00 m）时，固定IRS1和IRS2总反射元数量 $N=N_1+N_2=200$ 个且 $P_t=5$ dBm时，图6.5探究了IRS1反射元数 N_1 对所有用户加权速率和的影响。当两个IRS的反射元数量几乎相等时，可以获得最大加权速率和。这主要是由于相等数量的反射元可以有效地平衡双反射链路和单反射链路之间的被动波束赋形增益，使得IRS的多元阵列增益和IRS优化相位增益最大化，智能重构无线传播环境，改善传输链路质量，有利于提高用户加权速率和。

图6.6研究了当 $P_t=5$ dBm、$N_1=N_2=100$ 个时，IRS1和IRS2之间的距离对所有用户的加权速率和的影响。在双IRS系统中，固定IRS1位置，分析了改变IRS2的位置对用户加权时延和的影响。在单IRS系统中，分析了IRS位置对加权时延和的影响。可以看出，加权速率和并不是简单地随着距离的增加而减小，而是随着距离的增加先增大后减小，当距离为100 m时，加权时延和性能最优。仿真结果与文献[147]的结论一致，即IRS2的最佳位置位于坐标（0 m, 95 m, 10 m）附近。根据该文献，发现IRS在BS和用户之间存在两个最优部署位置，使乘性路径损失最小，一个在BS附近，另一个在用户附近，即一个位于发射机附近，另一个位于接收机附近[85]。在仿真

场景中，IRS1 和 IRS2 分别位于 BS 和用户附近。当 IRS2 的横坐标从 60 m 变为 140 m 时，其与最优部署位置之间的距离先减小后增大，导致乘性路径损失也发生了类似的变化。因此，随着 IRS1 和 IRS2 之间的距离的增加，加权速率和先增大后减小，这是由于乘性路径损失的增加。因此，适当部署 IRS 可以显著改善无线通信环境，提高系统性能。

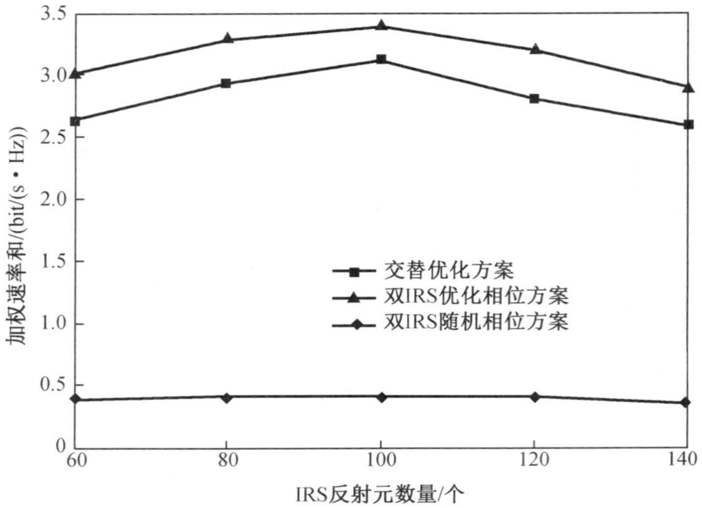

图 6.5　固定两个 IRS 反射元总数，IRS1 反射元数量对加权速率和的影响

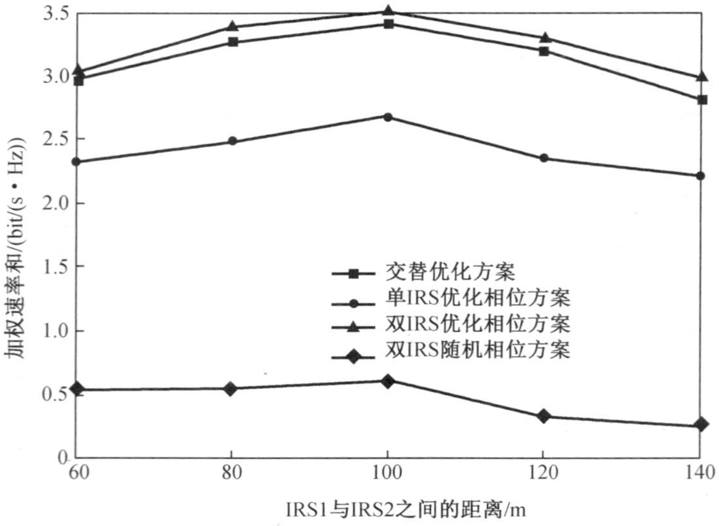

图 6.6　IRS1 与 IRS2 之间的距离对加权速率和的影响

最后，图 6.7 探究了 $P_t=5$ dBm，$d=100$ m 时，IRS1 和 IRS2 反射元数量对用户加权速率和的影响。由于 MISO 系统在 $N_1=N_2$ 时获得了最优的加权速率和性能，因此，

IRS1 和 IRS2 反射元数量设置相等,并从 50 个增加到 300 个。从图 6.7 中可以观察到,更多的 IRS 反射元有助于改善用户的加权速率和。然而,更多的 IRS 反射元增加了 IRS 设计和相移更新的复杂性,这意味着更好的性能需要更复杂的设计。同时,图 6.7 中还给出了 IRS2 与用户分布中心之间的距离对加权速率和的影响。随着距离的增加,路径损耗增大,加权速率和减小,这与 IRS 应该部署在发射机或接收机附近的理论结论是一致的。因此,在无线通信中合理部署 IRS 对提高无线通信性能具有重要意义。

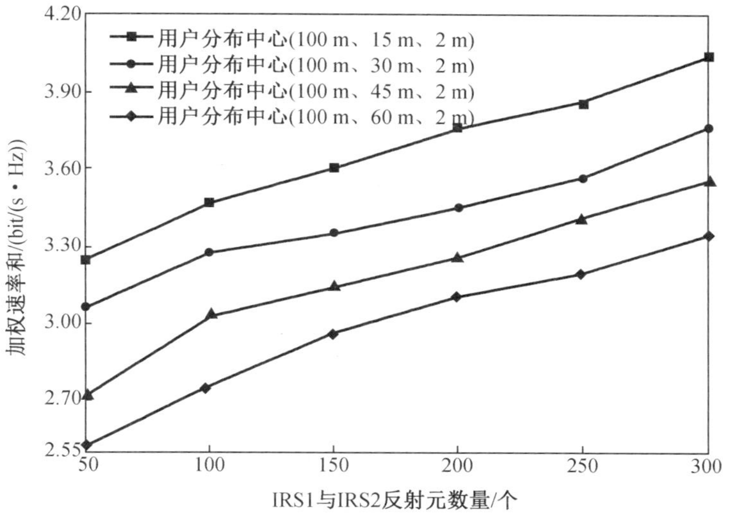

图 6.7　用户处于不同位置时,IRS1 和 IRS2 反射元数量对用户加权速率和的影响

6.6　本 章 小 结

首先,本章研究了双 IRS 辅助的 MISO 系统的下行通信模型,其中,用户位于盲区,无法直接与基站通信。其次,本章定义了以最大化用户加权速率和为目标的优化问题。在满足发射功率约束的条件下,通过联合优化 BS 的有源波束赋形和 IRS 的无源波束赋形,使所有用户的加权速率和最大化。为了求解该非凸优化问题,本章提出了一种闭式分式规划块坐标下降算法,以较低的计算复杂度获得次优解,即先通过闭式分式规划法将原始目标函数中的对数分式和形式转换为更易于处理的形式,然后利用近线性块坐标下降法和连续凸近似方法对优化变量进行循环更新。最后,仿真结果表明,本章所提的联合优化方案通过在 BS 和用户附近部署两个 IRS,可以有效地提高多用户 MISO 系统的性能。

第 7 章　总结与展望

7.1　本书工作总结

移动边缘计算将云服务延展到网络边缘,可降低任务卸载延迟和能耗,提升移动设备计算和本地化处理能力。然而,MEC 网络中资源有限,每个设备需要合理设计计算卸载决策,以充分利用 MEC 网络优势。移动设备可通过无线链路将任务卸载到边缘服务器上。受恶劣的无线传播环境的影响,如果不能有效将任务卸载到边缘服务器上,就无法享受 MEC 分流带来的好处。从通信角度出发,将 IRS 技术与 MEC 网络结合,通过改善无线卸载链路通信质量,可进一步发挥 MEC 网络优势。然而,由于信号的广播特性,在卸载过程中,信号容易被非法用户窃听,这严重威胁卸载数据的安全。此外,物联网中有数量庞大的低功耗传感设备,若频繁更换电池或充电,则给人力、物力带来巨大压力。针对以上分析,本书在现有理论的基础上,融合多种技术,对于提升 MEC 性能和无线通信性能展开了一系列研究。

本书主要研究成果归纳如下:

(1)针对原子任务,提出了基于深度学习的边缘计算和通信资源分配方案

为解决移动设备计算、通信资源受限和电池容量不足等问题,本书首先提出了二元计算卸载模型,然后将针对原子任务的卸载决策和资源分配联合优化问题建模为用户加权能耗和最小化的非凸混合整数规划问题。为了降低计算复杂度,本书提出了一种基于无监督深度学习的多用户 MEC 框架,将有约束的混合整数规划问题转化为无约束的深度学习问题,并提出了一种联合训练网络,通过交替训练教师网络和学生网络,有效解决反向传播过程中的梯度消失问题,同时优化卸载决策、时间分配和功率分配。仿真结果表明,训练好的神经网络能够以较低的复杂度解决混合整数规划问题,且二元卸载方案能有效降低用户能耗、提高系统性能。

(2)针对恶劣传播环境和卸载链路安全问题,提出了 IRS 辅助的安全边缘计算和通信资源分配方案

为了改善恶劣的传播环境并提高卸载保密率，本书提出了一种 IRS 辅助的安全计算卸载方案。通过在 MEC 网络部署 IRS，重构无线传播环境，提升卸载链路质量，确保卸载数据安全。在满足边缘计算资源和 IRS 相移约束的条件下，通过优化卸载率、边缘服务器计算能力的分配、多用户检测矩阵和 IRS 相移参数来最小化所有用户的加权时延和。此外，将原问题解耦为计算设计子问题和通信设计子问题，采用拉格朗日对偶法优化卸载决策和边缘服务器计算资源分配，采用加权最小均方差法和黎曼共轭梯度法分别求解有源波束赋形和无源波束赋形。仿真结果表明，IRS 辅助的安全计算卸载方案能够进一步改善 MEC 性能，确保卸载数据安全，提升卸载效率，并进一步降低任务执行加权时延和。

(3) 针对物联网中传感设备持续供电和存在大量闲置资源问题，提出了 IRS 辅助的无线充电协作边缘计算和通信资源分配方案

为了充分利用 MEC 网络中闲置计算资源并为低功耗设备持续供电，本书提出了一种 IRS 辅助的无线充电协作计算卸载方案，使用户通过收集无线能量完成本地计算和任务卸载。其中，远端用户可以通过近端用户的协作，提升自身完成任务能力。通过联合优化时间分配、功率分配、本地 CPU 频率和充电、远端用户卸载、近端用户卸载时 IRS 的无源波束等参数来最大化用户计算比特数。为了求解该问题，本书将原始优化问题转化为 4 个问题并采用交替优化算法迭代优化。仿真结果表明，IRS 辅助的无线充电协作计算卸载能够有效解决传感设备频繁更换电池问题，并通过协作卸载进一步提升 MEC 性能，最大化用户处理任务总比特数。

(4) 针对盲区用户通信问题，提出双 IRS 辅助的 MISO 通信系统资源分配方案

大多数现有的研究工作集中于单 IRS 的无源波束赋形的优化和性能增强，而没有考虑多个 IRS 间链路协作，这没有充分挖掘多 IRS 辅助的无线通信的优势。针对无直接链路的盲区用户，本书提出了双 IRS 辅助 MISO 下行链路通信系统的有源波束和无源波束的设计方案。同时考虑到双反射链路和单反射链路，通过 BS 的有源波束赋形和 IRS 处的无源波束赋形，在满足发射功率约束的条件下最大化系统加权速率和。为了解决该问题，本书提出了双 IRS 辅助的闭式分式规划块坐标下降方法，即先通过闭式分式规划方法将原始问题重构为易处理的问题，然后使用近似线性块坐标下降和连续凸近似方法来找到次优解。仿真结果表明了双 IRS 辅助的无线通信方案的有效性，即通过在系统中部署多个 IRS 可进一步提升多用户加权速率和。

7.2 未来工作展望

考虑 MEC 和 IRS 的特点和优势,本书研究了基于深度学习的计算卸载问题、IRS 辅助的安全卸载问题、IRS 辅助的无线充电协作卸载问题和双 IRS 辅助的 MISO 协作通信问题。虽然本书研究取得了一些成果,但在 MEC 和 IRS 辅助通信方面的研究仍有广阔空间。

第一,对本书应用场景进行扩展,考虑多边缘服务器场景,根据部署成本和计算需求合理分配边缘服务器站点。考虑系统部署预算,在计算量要求高的地方应该安装更多的边缘服务器。通常更多的边缘服务器意味着更高的部署成本。边缘服务器既可以是部署在小区基站等通信基础设施上的数据中心,也可以是物联网中的大量智能设备,前者计算能力较强,后者计算能力较弱。在下一步研究工作中,将根据任务类型不同、卸载链路条件等因素合理调度不同类型的边缘服务器以供使用,并优化资源分配。

第二,物联网的高速发展导致移动数据流量剧增,考虑将缓存技术与 MEC 相结合,减少重复应用程序的传输,降低任务执行延迟。边缘服务器资源相对较少,无法满足所有用户的计算请求,而且不同的移动业务需要不同的资源。基于以上考虑,可以将应用分为 CPU 高消耗应用(云棋)、内存高消耗应用(在线 MATLAB)和存储高消耗应用(增强型虚拟现实),并根据不同的需求,联合分配边缘服务器资源和通信资源。

第三,在实际 MEC 系统中,移动性是网络中设备的一个主要特点。当移动设备从一个基站移动到另一个基站时,必须将为该用户创建的虚拟机迁移到合适的新主机上,保证计算任务正常进行。MEC 中的移动管理涉及计算切换和通信切换,这为资源管理和分配带来了新的挑战。因此,在未来工作中考虑用户移动性的 MEC 系统资源分配将更具有实际意义。

第四,在无线通信网络中部署 IRS 能够有效地提高信号接收功率、扩大网络覆盖范围、增加链路容量、抑制干扰、为用户提供更好的安全性等。当前的研究工作主要集中在信道估计、无源波束设计和 IRS 部署方面,未来将进一步拓展 IRS 的研究方向,如考虑有源和无源 IRS 混合波束设计、IRS 辅助毫米波通信、IRS 辅助太赫兹通信等。

参考文献

[1] 中国科学院信息科技战略研究组. 信息科技:加速人-机-物三元融合[R/OL]. (2012-09-28)[2023-12-01]. http://www.ict.cas.cn/liguojiewenxuan_162523/wzlj/lgjxsbg/201912/P020191227654599734800.pdf.

[2] DAVID R, JOHN G, JOHN R. The digitization of the world:form edge to core[R/OL]. (2018-11-21)[2023-12-01]. https://www.seagate.com/files/www-content/our-story/dataage-whitepaper.pdf.

[3] SAMI K, WALTER F, FANG Y G, et al. MEC in 5G networks[J]. ETSI White Paper, 2018, 28:1-28.

[4] FU X M, SECCI S, HUANG D J, et al. Mobile cloud computing(Guest Edotorial)[J]. IEEE Communications Magazine, 2015, 53(3):61-62.

[5] 张宜. 智慧城市与物联网的关系[J]. 物联网技术, 2012, 2(4):17-19.

[6] HU Y C, PATEL M, SABELLA D, et al. Mobile edge computing:a key technology towards 5G[J]. ETSI White Paper, 2015, 11(11):1-16.

[7] MUIRHEAD D, IMRAN M A, ARSHAD K. A survey of the challenges, opportunities and use of multiple antennas in current and future 5G small cell base stations[J]. IEEE Access, 2016, 4:2952-2964.

[8] PARK P, ERGEN S C, FISCHIONE C, et al. Wireless network design for control systems: a survey[J]. IEEE Communications Surveys & Tutorials, 2018, 20(2):978-1013.

[9] WANG D, BAI B, ZHAO W, et al. A survey of optimization approaches for wireless physical layer security[J]. IEEE Communications Surveys & Tutorials, 2019, 21(2):1878-1911.

[10] DI RENZO M, DEBBAH M, PHAN-HUY D T, et al. Smart radio environments empowered by reconfigurable AI meta-surfaces:an idea whose time has come[J]. EURASIP Journal on Wireless Communications and Networking, 2019, 2019(1):129.

[11] WU Q Q, ZHANG R. Towards smart and reconfigurable environment: intelligent

reflecting surface aided wireless network [J]. IEEE Communications Magazine, 2020,58(1):106-112.

[12] LIASKOS C,NIE S,TSIOLIARIDOU A,et al. Realizing wireless communication through software-defined HyperSurface environments [C]//2018 IEEE 19th International Symposium on "A World of Wireless,Mobile and Multimedia Networks" (WoWMoM). Chania,Greece:IEEE,2018:14-15.

[13] LIANG Y C,LONG R Z,ZHANG Q Q,et al. Large intelligent surface/antennas (LISA): making reflective radios smart [J]. Journal of Communications and Information Networks,2019,4(2):40-50.

[14] SUBRT L,PECHAC P. Controlling propagation environments using intelligent walls [C]//2012 6th European Conference on Antennas and Propagation (EUCAP). Prague,Czech Republic:IEEE,2012:1-5.

[15] MUÑOZ O,PASCUAL-ISERTE A,VIDAL J. Optimization of radio and computational resources for energy efficiency in latency-constrained application offloading[J]. IEEE Transactions on Vehicular Technology,2015,64(10):4738-4755.

[16] SARDELLITTI S,SCUTARI G,BARBAROSSA S. Joint optimization of radio and computational resources for multicell mobile-edge computing [J]. IEEE Transactions on Signal and Information Processing over Networks, 2015, 1(2): 89-103.

[17] ZHAO L,YANG K Q,TAN Z Y,et al. Vehicular computation offloading for industrial mobile edge computing[J]. IEEE Transactions on Industrial Informatics,2021,17(11): 7871-7881.

[18] KAI C H,ZHOU H,YI Y B,et al. Collaborative cloud-edge-end task offloading in mobile-edge computing networks with limited communication capability[J]. IEEE Transactions on Cognitive Communications and Networking,2021,7(2):624-634.

[19] LI M S,GAO J,ZHAO L,et al. Deep reinforcement learning for collaborative edge computing in vehicular networks [J]. IEEE Transactions on Cognitive Communications and Networking,2020,6(4):1122-1135.

[20] LI C L,CAI Q Q,ZHANG C K,et al. Computation offloading and service allocation in mobile edge computing [J]. The Journal of Supercomputing, 2021, 77(12): 13933-13962.

[21] ZHANG W W,WEN Y G,GUAN K,et al. Energy-optimal mobile cloud computing under stochastic wireless channel [J]. IEEE Transactions on Wireless Communications,2013,12(9):4569-4581.

[22] BARBAROSSA S,SARDELLITTI S,LORENZO P D. Communicating while computing: distributed mobile cloud computing over 5G heterogeneous networks[J]. IEEE Signal Processing Magazine,2014,31(6):45-55.

[23] BARBAROSSA S,SARDELLITTI S,LORENZO P D. Joint allocation of computation and communication resources in multiuser mobile cloud computing[C]//2013 IEEE 14th Workshop on Signal Processing Advances in Wireless Communications (SPAWC). Darmstadt,Germany:IEEE,2013:26-30.

[24] YOU C S,HUANG K B,CHAE H,et al. Energy-efficient resource allocation for mobile-edge computation offloading[J]. IEEE Transactions on Wireless Communications,2017,16(3):1397-1411.

[25] WANG K Z, YANG K, MAGURAWALAGE C S. Joint energy minimization and resource allocation in C-RAN with mobile cloud[J]. IEEE Transactions on Cloud Computing,2018,6(3):760-770.

[26] ZHANG K,MAO Y M,LENG S P,et al. Energy-efficient offloading for mobile edge computing in 5G heterogeneous networks[J]. IEEE Access,2016,4:5896-5907.

[27] KAMOUN M,LABIDI W,SARKISS M. Joint resource allocation and offloading strategies in cloud enabled cellular networks[C]//2015 IEEE International Conference on Communications (ICC). London,UK:IEEE,2015:5529-5534.

[28] WANG J,FENG D Q,ZHANG S L,et al. Joint computation offloading and resource allocation for MEC-enabled IoT systems with imperfect CSI[J]. IEEE Internet of Things Journal,2021,8(5):3462-3475.

[29] LIU J,MAO Y Y,ZHANG J,et al. Delay-optimal computation task scheduling for mobile-edge computing systems[C]//2016 IEEE International Symposium on Information Theory (ISIT). Barcelona,Spain:IEEE,2016:1451-1455.

[30] SALEEM U,LIU Y,JANGSHER S,et al. Mobility-aware joint task scheduling and resource allocation for cooperative mobile edge computing[J]. IEEE Transactions on Wireless Communications,2021,20(1):360-374.

[31] CHEN X,JIAO L,LI W Z,et al. Efficient multi-user computation offloading for mobile-edge cloud computing[J]. IEEE/ACM Transactions on Networking,2016,24(5):2795-2808.

[32] TRAN T X,POMPILI D. Joint task offloading and resource allocation for multi-server mobile-edge computing networks[J]. IEEE Transactions on Vehicular Technology,2019,68(1):856-868.

[33] BI S Z,ZHANG Y J. Computation rate maximization for wireless powered mobile-

edge computing with binary computation offloading[J]. IEEE Transactions on Wireless Communications,2018,17(6):4177-4190.

[34] CHEN M H,LIANG B,DONG M. Joint offloading and resource allocation for computation and communication in mobile cloud with computing access point[C]//IEEE INFOCOM 2017—IEEE Conference on Computer Communications. Atlanta, GA, USA: IEEE, 2017:1-9.

[35] LYU X C,TIAN H,SENGUL C,et al. Multiuser joint task offloading and resource optimization in proximate clouds[J]. IEEE Transactions on Vehicular Technology, 2017,66(4):3435-3447.

[36] LONG L,LIU Z C,ZHOU Y Q,et al. Delay optimized computation offloading and resource allocation for mobile edge computing[C]//2019 IEEE 90th Vehicular Technology Conference (VTC2019—Fall). Honolulu,HI,USA:IEEE,2019:1-5.

[37] SUN J N,GU Q,ZHENG T,et al. Joint optimization of computation offloading and task scheduling in vehicular edge computing networks[J]. IEEE Access,2020,8: 10466-10477.

[38] JOŠILO S,DÁN G. Computation offloading scheduling for periodic tasks in mobile edge computing[J]. IEEE/ACM Transactions on Networking,2020,28(2):667-680.

[39] MAHMOODI S E,UMA R N,SUBBALAKSHMI K P. Optimal joint scheduling and cloud offloading for mobile applications [J]. IEEE Transactions on Cloud Computing,2019,7(2):301-313.

[40] GUO H Z,LIU J J. Collaborative computation offloading for multiaccess edge computing over fiber-wireless networks[J]. IEEE Transactions on Vehicular Technology,2018,67(5):4514-4526.

[41] WANG J, HU J, MIN G Y, et al. Computation offloading in multi-access edge computing using a deep sequential model based on reinforcement learning[J]. IEEE Communications Magazine,2019,57(5):64-69.

[42] WANG F,XU J,DING Z G. Multi-antenna NOMA for computation offloading in multiuser mobile edge computing systems[J]. IEEE Transactions on Communications,2019,67(3): 2450-2463.

[43] LIU Y J,WANG S G,HUANG J,et al. A computation offloading algorithm based on game theory for vehicular edge networks[C]//2018 IEEE International Conference on Communications (ICC). Kansas City,MO,USA:IEEE,2018:1-5.

[44] WU Y,QIAN L P,NI K J,et al. Delay-minimization nonorthogonal multiple access enabled multi-user mobile edge computation offloading[J]. IEEE Journal of Selected

Topics in Signal Processing,2019,13(3):392-407.

[45] LIU L N,SUN B,WU Y,et al. Latency optimization for computation offloading with hybrid NOMA-OMA transmission[J]. IEEE Internet of Things Journal,2021,8(8):6677-6691.

[46] FENG W,LIU H,YAO Y B,et al. Latency-aware offloading for mobile edge computing networks[J]. IEEE Communications Letters,2021,25(8):2673-2677.

[47] KUANG Z F,LI L F,GAO J,et al. Partial offloading scheduling and power allocation for mobile edge computing systems[J]. IEEE Internet of Things Journal,2019,6(4):6774-6785.

[48] MAO Y Y,ZHANG J,SONG S H,et al. Power-delay tradeoff in multi-user mobile-edge computing systems[C]//2016 IEEE Global Communications Conference (GLOBECOM). Washington,DC,USA:IEEE,2016:1-6.

[49] SEID A M,BOATENG G O,ANOKYE S,et al. Collaborative computation offloading and resource allocation in multi-uav-assisted IoT networks:a deep reinforcement learning approach[J]. IEEE Internet of Things Journal,2021,8(15):12203-12218.

[50] ZHAO Z L,SHI J,LI Z,et al. Multi-objective resource allocation for mmWave MEC offloading under competition of communication and computing tasks[J]. IEEE Internet of Things Journal,2022,9(11):8707-8719.

[51] SUN M Y,XU X D,HUANG Y Z,et al. Resource management for computation offloading in D2D-aided wireless powered mobile-edge computing networks[J]. IEEE Internet of Things Journal,2021,8(10):8005-8020.

[52] LAI X Z,FAN L S,LEI X F,et al. Secure mobile edge computing networks in the presence of multiple eavesdroppers[J]. IEEE Transactions on Communications,2022,70(1):500-513.

[53] XU X L,HUANG Q H,ZHU H B,et al. Secure service offloading for Internet of vehicles in SDN-enabled mobile edge computing[J]. IEEE Transactions on Intelligent Transportation Systems,2021,22(6):3720-3729.

[54] ZHOU Y,PAN C H,YEOH P L,et al. Secure communications for UAV-enabled mobile edge computing systems[J]. IEEE Transactions on Communications,2020,68(1):376-388.

[55] XU D,ZHU H B. Legitimate surveillance of suspicious computation offloading in mobile edge computing networks[J]. IEEE Transactions on Communications,2022,70(4):2648-2662.

[56] HE X F,JIN R C,DAI H Y. Physical-layer assisted secure offloading in mobile-

edge computing[J]. IEEE Transactions on Wireless Communications, 2020, 19(6):4054-4066.

[57] YOU C S, HUANG K B, CHAE H. Energy efficient mobile cloud computing powered by wireless energy transfer [J]. IEEE Journal on Selected Areas in Communications, 2016, 34(5):1757-1771.

[58] BI S Z, ZHANG Y J A. An ADMM based method for computation rate maximization in wireless powered mobile-edge computing networks[C]//2018 IEEE International Conference on Communications (ICC). Kansas City, MO, USA: IEEE, 2018: 1-7.

[59] WEN Z G, YANG K X, LIU X Q, et al. Joint offloading and computing design in wireless powered mobile-edge computing systems with full-duplex relaying[J]. IEEE Access, 2018, 6: 72786-72795.

[60] CHEN J, WU Z L. Dynamic computation offloading with energy harvesting devices: a graph-based deep reinforcement learning approach[J]. IEEE Communications Letters, 2021, 25(9):2968-2972.

[61] DENG X M, LI J, SHI L, et al. Wireless powered mobile edge computing: dynamic resource allocation and throughput maximization[J]. IEEE Transactions on Mobile Computing, 2022, 21(6):2271-2288.

[62] FENG W M, TANG J, ZHAO N, et al. A deep learning-based approach to resource allocation in UAV-aided wireless powered MEC networks[C]//ICC 2021—IEEE International Conference on Communications. Montreal, QC, Canada: IEEE, 2021: 1-6.

[63] KUANG Z F, MA Z H, LI Z, et al. Cooperative computation offloading and resource allocation for delay minimization in mobile edge computing[J]. Journal of Systems Architecture, 2021, 118: 102167.

[64] FENG J, YU F R, PEI Q Q, et al. Cooperative computation offloading and resource allocation for blockchain-enabled mobile-edge computing: a deep reinforcement learning approach[J]. IEEE Internet of Things Journal, 2020, 7(7):6214-6228.

[65] XU B, DENG T, LIU Y C, et al. Optimization of cooperative offloading model with cost consideration in mobile edge computing[J]. Soft Computing, 2023, 27(12): 8233-8243.

[66] WANG D W, ZHOU F H, LIN W S, et al. Cooperative hybrid nonorthogonal multiple access-based mobile-edge computing in cognitive radio networks[J]. IEEE Transactions on Cognitive Communications and Networking, 2022, 8(2):1104-1117.

[67] LI X, FAN R F, HU H, et al. Joint task offloading and resource allocation for cooperative mobile-edge computing under sequential task dependency[J]. IEEE

Internet of Things Journal, 2022, 9(23): 24009-24029.

[68] LIU Y, XIONG K, NI Q, et al. UAV-assisted wireless powered cooperative mobile edge computing: joint offloading, CPU control, and trajectory optimization[J]. IEEE Internet of Things Journal, 2020, 7(4): 2777-2790.

[69] YOU X H, WANG C X, HUANG J, et al. Towards 6G wireless communication networks: vision, enabling technologies, and new paradigm shifts[J]. Science China Information Sciences, 2020, 64(1): 110301.

[70] 易芝玲，王森，韩双锋，等. 从5G到6G的思考：需求、挑战与技术发展趋势[J]. 北京邮电大学学报，2020，43(2)：1-9.

[71] 赵亚军，郁光辉，徐汉青. 6G移动通信网络：愿景、挑战与关键技术[J]. 中国科学(信息科学)，2019，49(8)：963-987.

[72] LIANG Y C, CHEN J, LONG R Z, et al. Reconfigurable intelligent surfaces for smart wireless environments: channel estimation, system design and applications in 6G networks[J]. Science China Information Sciences, 2021, 64(10): 200301.

[73] WU Q Q, ZHANG R. Intelligent reflecting surface enhanced wireless network: joint active and passive beamforming design[C]//2018 IEEE Global Communications Conference (GLOBECOM). Abu Dhabi, United Arab Emirates: IEEE, 2018: 1-6.

[74] GUO H Y, LIANG Y C, CHEN J, et al. Weighted sum-rate maximization for intelligent reflecting surface enhanced wireless networks[C]//2019 IEEE Global Communications Conference (GLOBECOM). Waikoloa, HI, USA: IEEE, 2019: 1-6.

[75] ZHAO M M, WU Q Q, ZHAO M J, et al. Intelligent reflecting surface enhanced wireless networks: two-timescale beamforming optimization[J]. IEEE Transactions on Wireless Communications, 2021, 20(1): 2-17.

[76] HE Z Q, YUAN X J. Cascaded channel estimation for large intelligent metasurface assisted massive MIMO[J]. IEEE Wireless Communications Letters, 2020, 9(2): 210-214.

[77] YOU C S, ZHENG B X, ZHANG R. Channel estimation and passive beamforming for intelligent reflecting surface: discrete phase shift and progressive refinement[J]. IEEE Journal on Selected Areas in Communications, 2020, 38(11): 2604-2620.

[78] HAN Y T, ZHANG S W, DUAN L J, et al. Cooperative double-IRS aided communication: beamforming design and power scaling[J]. IEEE Wireless Communications Letters, 2020, 9(8): 1206-1210.

[79] LIU Y, ZHAO J, XIONG Z H, et al. Intelligent reflecting surface meets mobile edge computing: enhancing wireless communications for computation offloading[J/OL].

(2020-01-28)[2023-12-01]. https://arxiv.org/abs/2001.07449. arXiv preprint arXiv:2001.07449.

[80] ZHANG X H, SHEN Y Y, YANG B, et al. DRL based data offloading for intelligent reflecting surface aided mobile edge computing[C]//2021 IEEE Wireless Communications and Networking Conference (WCNC). Nanjing, China: IEEE, 2021:1-7.

[81] BAI T, PAN C H, REN H, et al. Resource allocation for intelligent reflecting surface aided wireless powered mobile edge computing in OFDM systems[J]. IEEE Transactions on Wireless Communications, 2021, 20(8):5389-5407.

[82] 文森特,罗伯特,德里克,等. 5G 系统关键技术详解[M]. 张鸿涛,译. 北京:人民邮电出版社,2019.

[83] 邓茹月,覃川,谢显中. 移动云计算的应用现状及存在问题分析[J]. 重庆邮电大学学报(自然科学版),2012,24(6):716-723.

[84] YANG H H, CHEN X B, YANG F, et al. Design of resistor-loaded reflect-array elements for both amplitude and phase control[J]. IEEE Antennas and Wireless Propagation Letters, 2017, 16:1159-1162.

[85] WU Q Q, ZHANG S W, ZHENG B X, et al. Intelligent reflecting surface-aided wireless communications: a tutorial[J]. IEEE Transactions on Communications, 2021, 69(5):3313-3351.

[86] BOYD S P, VANDENBERGHE L. Convex Optimization[M]. Cambridge: Cambridge University Press, 2004.

[87] PAN C H, REN H, WANG K Z, et al. Multicell MIMO communications relying on intelligent reflecting surfaces[J]. IEEE Transactions on Wireless Communications, 2020, 19(8):5218-5233.

[88] HONG S, PAN C H, REN H, et al. Artificial-noise-aided secure MIMO wireless communications via intelligent reflecting surface[J]. IEEE Transactions on Communications, 2020, 68(12):7851-7866.

[89] BAI T, PAN C H, DENG Y S, et al. Latency minimization for intelligent reflecting surface aided mobile edge computing[J]. IEEE Journal on Selected Areas in Communications, 2020, 38(11):2666-2682.

[90] SUN Y, BABU P, PALOMAR D P. Majorization-minimization algorithms in signal processing, communications, and machine learning[J]. IEEE Transactions on Signal Processing, 2017, 65(3):794-816.

[91] XU J L, WANG S G, BHARGAVA B K, et al. A blockchain-enabled trustless crowd-

intelligence ecosystem on mobile edge computing[J]. IEEE Transactions on Industrial Informatics,2019,15(6):3538-3547.

[92] CUI Y Y,ZHANG D G,ZHANG T,et al. Novel method of mobile edge computation offloading based on evolutionary game strategy for IoT devices[J]. AEU—International Journal of Electronics and Communications,2020,118:153134.

[93] XU X L,ZHANG X Y,GAO H H,et al. BeCome:blockchain-enabled computation offloading for IoT in mobile edge computing[J]. IEEE Transactions on Industrial Informatics,2020,16(6):4187-4195.

[94] ZHAO J H,LI Q P,GONG Y,et al. Computation offloading and resource allocation for cloud assisted mobile edge computing in vehicular networks[J]. IEEE Transactions on Vehicular Technology,2019,68(8):7944-7956.

[95] ORSINI G,BADE D,LAMERSDORF W. CloudAware:a context-adaptive middleware for mobile edge and cloud computing applications[C]//2016 IEEE 1st International Workshops on Foundations and Applications of Self * Systems (FAS * W). Augsburg, Germany:IEEE,2016:216-221.

[96] ZHANG C Y,PATRAS P,HADDADI H. Deep learning in mobile and wireless networking:a survey[J]. IEEE Communications Surveys & Tutorials,2019,21(3):2224-2287.

[97] SUN H R,CHEN X Y,SHI Q J,et al. Learning to optimize:training deep neural networks for wireless resource management[C]//2017 IEEE 18th International Workshop on Signal Processing Advances in Wireless Communications (SPAWC). Sapporo:EEE,2017:1-6.

[98] GAO Z P,JIAO Q D,XIAO K L,et al. Deep reinforcement learning based service migration strategy for edge computing[C]//2019 IEEE International Conference on Service-Oriented System Engineering (SOSE). San Francisco,CA,USA:IEEE,2019:1160-1165.

[99] SAMUEL N,DISKIN T,WIESEL A. Learning to detect[J]. IEEE Transactions on Signal Processing,2019,67(10):2554-2564.

[100] NACHMANI E,MARCIANO E,LUGOSCH L,et al. Deep learning methods for improved decoding of linear codes[J]. IEEE Journal of Selected Topics in Signal Processing,2018,12(1):119-131.

[101] LIANG F,SHEN C,WU F. An iterative BP-CNN architecture for channel decoding[J]. IEEE Journal of Selected Topics in Signal Processing,2018,12(1):144-159.

[102] KONG K,SONG W J,MIN M. Knowledge distillation-aided end-to-end learning for

linear precoding in multiuser MIMO downlink systems with finite-rate feedback[J]. IEEE Transactions on Vehicular Technology,2021,70(10):11095-11100.

[103] LIANG F,SHEN C,YU W,et al. Towards optimal power control via ensembling deep neural networks[J]. IEEE Transactions on Communications,2020,68(3):1760-1776.

[104] WEI X H,HU C,DAI L L. Deep learning for beamspace channel estimation in millimeter-wave massive MIMO systems[J]. IEEE Transactions on Communications, 2021, 69(1):182-193.

[105] LI J,GAO H,LV T J,et al. Deep reinforcement learning based computation offloading and resource allocation for MEC[C]//2018 IEEE Wireless Communications and Networking Conference (WCNC). Barcelona,Spain:IEEE, 2018:1-6.

[106] ALI Z,JIAO L,BAKER T,et al. A deep learning approach for energy efficient computational offloading in mobile edge computing[J]. IEEE Access,2019,7:149623-149633.

[107] GONG Y S,LV C M,CAO S Z,et al. Deep learning-based computation offloading with energy and performance optimization[J]. EURASIP Journal on Wireless Communications and Networking,2020,1:69.

[108] WANG Y T,SHENG M,WANG X J,et al. Energy-optimal partial computation offloading using dynamic voltage scaling[C]//2015 IEEE International Conference on Communication Workshop (ICCW). London, UK: IEEE, 2015: 2695-2700.

[109] POCHET Y,WOLSEY L A. Production Planning by Mixed Integer Programming [M]. New York:Springer,2006.

[110] 张国平,陈雪,徐洪波.无监督深度学习移动边缘计算卸载资源分配[J].安庆师范大学学报(自然科学版),2021,27(4):1-7.

[111] EISEN M,ZHANG C,CHAMON L F O,et al. Learning optimal resource allocations in wireless systems[J]. IEEE Transactions on Signal Processing, 2019, 67(10): 2775-2790.

[112] EISEN M,ZHANG C,CHAMON O L F,et al. Dual domain learning of optimal resource allocations in wireless systems[C]//ICASSP 2019—2019 IEEE International Conference on Acoustics,Speech and Signal Processing (ICASSP), Brighton,UK,2019,4729-4733.

[112] EISEN M,ZHANG C,CHAMON L F O,et al. Dual domain learning of optimal resource allocations in wireless systems[C]//ICASSP 2019—2019 IEEE

International Conference on Acoustics, Speech and Signal Processing (ICASSP). Brighton, UK: IEEE, 2019: 4729-4733.

[113] BENGIO Y. Estimating or propagating gradients through stochastic neurons[J/OL]. (2013-05-14)[2023-12-01]. https://arxiv.org/pdf/1305.2982. arXiv: 13052982.

[114] ZHUANG B H, SHEN C H, TAN M K, et al. Towards effective low-bitwidth convolutional neural networks[C]//2018 IEEE/CVF Conference on Computer Vision and Pattern Recognition. Salt Lake City, UT, USA: IEEE, 2018: 7920-7928.

[115] ZHUANG B H, TAN M K, LIU J, et al. Effective training of convolutional neural networks with low-bitwidth weights and activations[J]. IEEE Transactions on Pattern Analysis and Machine Intelligence, 2022, 44(10): 6140-6152.

[116] ZHUANG B H, LIU L Q, TAN M K, et al. Training quantized neural networks with a full-precision auxiliary module[C]//Proceedings of the IEEE/CVF Conference on Computer Vision and Pattern Recognition (CVPR). Seattle, WA, USA: IEEE, 2020: 1488-1497.

[117] PALATTELLA M R, DOHLER M, GRIECO A, et al. Internet of Things in the 5G era: enablers, architecture, and business models[J]. IEEE Journal on Selected Areas in Communications, 2016, 34(3): 510-527.

[118] WANG F, XU J, WANG X, et al. Joint offloading and computing optimization in wireless powered mobile-edge computing systems[J]. IEEE Transactions on Wireless Communications, 2018, 17(3): 1784-1797.

[119] CHEN X, XU H B, ZHANG G P, et al. Unsupervised deep learning for binary offloading in mobile edge computation network[J]. Wireless Personal Communications, 2022, 124(2): 1841-1860.

[120] ZHOU Y, YEOH P L, PAN C H, et al. Offloading optimization for low-latency secure mobile edge computing systems[J]. IEEE Wireless Communications Letters, 2020, 9(4): 480-484.

[121] HMIMZ Y, CHANYOUR T, GHMARY M E, et al. Joint radio and local resources optimization for tasks offloading with priority in a mobile edge computing network[J]. Pervasive and Mobile Computing, 2021, 73: 101368.

[122] ZHANG D G, PIAO M J, ZHANG T, et al. New algorithm of multi-strategy channel allocation for edge computing[J]. AEU—International Journal of Electronics and Communications, 2020, 126: 153372.

[123] ZHANG N, GUO S T, DONG Y F, et al. Joint task offloading and data caching in

mobile edge computing networks[J]. Computer Networks,2020,182:107446.

[124] YE Y H,SHI L Q,CHU X L,et al. Delay minimization in wireless powered mobile edge computing with hybrid BackCom and AT [J]. IEEE Wireless Communications Letters,2021,10(7):1532-1536.

[125] ZHOU G,PAN C H,REN H,et al. A framework of robust transmission design for IRS-aided MISO communications with imperfect cascaded channels[J]. IEEE Transactions on Signal Processing,2020,68:5092-5106.

[126] ZHANG S W,ZHANG R. Capacity characterization for intelligent reflecting surface aided MIMO communication [J]. IEEE Journal on Selected Areas in Communications,2020,38(8):1823-1838.

[127] WU Q Q,ZHANG R. Beamforming optimization for wireless network aided by intelligent reflecting surface with discrete phase shifts[J]. IEEE Transactions on Communications,2020,68(3):1838-1851.

[128] LIU L,ZHANG R,CHUA K C. Secrecy wireless information and power transfer with miso beamforming[J]. IEEE Transactions on Signal Processing,2014,62(7):1850-1863.

[129] MUKHERJEE A,FAKOORIAN S A A,HUANG J,et al. Principles of physical layer security in multiuser wireless networks:a survey[J]. IEEE Communications Surveys & Tutorials,2014,16(3):1550-1573.

[130] CUI M,ZHANG G C,ZHANG R. Secure wireless communication via intelligent reflecting surface[J]. IEEE Wireless Communications Letters,2019,8(5):1410-1414.

[131] YU X H,XU D F,SUN Y,et al. Robust and secure wireless communications via intelligent reflecting surfaces [J]. IEEE Journal on Selected Areas in Communications,2020,38(11):2637-2652.

[132] SHEN H,XU W,GONG S L,et al. Secrecy rate maximization for intelligent reflecting surface assisted multi-antenna communications[J]. IEEE Communications Letters,2019,23(9):1488-1492.

[133] CHEN X,XU H B,ZHANG G P,et al. Secure computation offloading assisted by intelligent reflection surface for mobile edge computing network [J]. Physical Communication,2023,57:102003.

[134] YOU C S,ZHENG B X,ZHANG R. Wireless communication via double irs:channel estimation and passive beamforming designs[J]. IEEE Wireless Communications Letters,2021,10(2):431-435.

[135] ZHENG B X,YOU C S,ZHANG R. Efficient channel estimation for double-irs

aided multi-user MIMO system[J]. IEEE Transactions on Communications, 2021, 69(6): 3818-3832.

[136] NGO K H, NGUYEN N T, DINH T Q, et al. Low-latency and secure computation offloading assisted by hybrid relay-reflecting intelligent surface[C]//2021 International Conference on Advanced Technologies for Communications (ATC). Ho Chi Minh City, Vietnam: IEEE, 2021: 306-311.

[137] LI Y D, XIAO L, DAI H Y, et al. Game theoretic study of protecting MIMO transmissions against smart attacks[C]. 2017 IEEE International Conference on Communications (ICC). Paris, France: IEEE, 2017: 1-6.

[138] MAO Y Y, YOU C S, ZHANG J, et al. A survey on mobile edge computing: the communication perspective[J]. IEEE Communications Surveys & Tutorials, 2017, 19(4): 2322-2358.

[139] JONG Y C. An efficient global optimization algorithm for nonlinear sumof-ratios problem[J/OL]. (2012-05-03)[2023-12-01]. https://optimization-online.org/2012/08/3586/.

[140] SHI Q J, RAZAVIYAYN M, LUO Z Q, et al. An iteratively weighted mmse approach to distributed sum-utility maximization for a MIMO interfering broadcast channel[J]. IEEE Transactions on Signal Processing, 2011, 59(9): 4331-4340.

[141] YU X H, XU D F, SCHOBER R. MISO wireless communication systems via intelligent reflecting surfaces: (invited paper)[C]//2019 IEEE/CIC International Conference on Communications in China (ICCC). Changchun, China: IEEE, 2019: 735-740.

[142] WU H, TIAN H, NIE G F, et al. Wireless powered mobile edge computing for industrial Internet of Things systems[J]. IEEE Access, 2020, 8: 101539-101549.

[143] BI S Z, ZENG Y, ZHANG R. Wireless powered communication networks: an overview [J]. IEEE Wireless Communications, 2016, 23(2): 10-18.

[144] LI C L, TANG J H, LUO Y L. Dynamic multi-user computation offloading for wireless powered mobile edge computing[J]. Journal of Network and Computer Applications, 2019, 131: 1-15.

[145] ZENG M, DU R, FODOR V, et al. Computation rate maximization for wireless powered mobile edge computing with NOMA[C]//2019 IEEE 20th International Symposium on "A World of Wireless, Mobile and Multimedia Networks" (WoWMoM). Washington, DC, USA: IEEE, 2019: 1-9.

[146] GONG S M, LU X, HOANG D T, et al. Toward smart wireless communications via intelligent reflecting surfaces: a contemporary survey[J]. IEEE Communications

Surveys & Tutorials,2020,22(4):2283-2314.

[147] WU Q Q,ZHANG R. Intelligent reflecting surface enhanced wireless network via joint active and passive beamforming [J]. IEEE Transactions on Wireless Communications,2019,18(11):5394-5409.

[148] YANG H L, XIONG Z H, ZHAO J, et al. Deep reinforcement learning-based intelligent reflecting surface for secure wireless communications [J]. IEEE Transactions on Wireless Communications,2021,20(1):375-388.

[149] HUANG C W, ZAPPONE A, ALEXANDROPOULOS G C, et al. Reconfigurable intelligent surfaces for energy efficiency in wireless communication [J]. IEEE Transactions on Wireless Communications,2019,18(8):4157-4170.

[150] HUANG C W, HU S, ALEXANDROPOULOS G C, et al. Holographic MIMO surfaces for 6G wireless networks: opportunities, challenges, and trends[J]. IEEE Wireless Communications,2020,27(5):118-125.

[151] CHU Z, XIAO P, SHOJAFAR M, et al. Intelligent reflecting surface assisted mobile edge computing for Internet of Things [J]. IEEE Wireless Communications Letters,2021,10(3):619-623.

[152] ZHOU F S, YOU C S, ZHANG R. Delay-optimal scheduling for IRS-aided mobile edge computing[J]. IEEE Wireless Communications Letters,2021,10(4):740-744.

[153] LI Z Y, CHEN M, YANG Z H, et al. Energy efficient reconfigurable intelligent surface enabled mobile edge computing networks with NOMA [J]. IEEE Transactions on Cognitive Communications and Networking, 2021, 7 (2): 427-440.

[154] JU H, ZHANG R. User cooperation in wireless powered communication networks [C]//2014 IEEE Global Communications Conference. Austin, TX, USA: IEEE, 2014:1430-1435.

[155] SIDIROPOULOS N D, DAVIDSON T N, LUO Z Q. Transmit beamforming for physical-layer multicasting[J]. IEEE Transactions on Signal Processing,2006,54(6):2239-2251.

[156] KHANDAKER M R A, RONG Y. Transceiver optimization for multi-hop MIMO relay multicasting from multiple sources [J]. IEEE Transactions on Wireless Communications,2014,13(9):5162-5172.

[157] ZHENG Y, BI S Z, ZHANG Y J, et al. Intelligent reflecting surface enhanced user cooperation in wireless powered communication networks [J]. IEEE Wireless Communications Letters,2020,9(6):901-905.

[158] FENG Z Y, CLERCKX B, ZHAO Y. Waveform and beamforming design for intelligent reflecting surface aided wireless power transfer: single-user and multi-user solutions [J]. IEEE Transactions on Wireless Communications, 2022, 21(7): 5346-5361.

[159] HUANG C W, ZAPPONE A, ALEXANDROPOULOS G C, et al. Large intelligent surfaces for energy efficiency in wireless communication [J/OL]. (2019-06-10) [2023-12-01]. https://arxiv.org/pdf/1810.06934. arXiv preprint arXiv: 181006934.

[160] RENZO M D, DEBBAH M, PHAN-HUY D-T, et al. Smart radio environments empowered by reconfigurable AI meta-surfaces: an idea whose time has come [J]. EURASIP Journal on Wireless Communications and Networking, 2019, 2019(1): 1-20.

[161] NIU H H, CHU Z, ZHOU F H, et al. Double intelligent reflecting surface-assisted multi-user MIMO mmwave systems with hybrid precoding [J]. IEEE Transactions on Vehicular Technology, 2022, 71(2): 1575-1587.

[162] ZHOU G, PAN C H, REN H, et al. Intelligent reflecting surface aided multigroup multicast MISO communication systems [J]. IEEE Transactions on Signal Processing, 2020, 68: 3236-3251.

[163] DU L S, SHAO S H, YANG G, et al. Capacity characterization for reconfigurable intelligent surfaces assisted multiple-antenna multicast [J]. IEEE Transactions on Wireless Communications, 2021, 20(10): 6940-6953.

[164] ZHANG L, WANG Y, TAO W G, et al. Intelligent reflecting surface aided mimo cognitive radio systems [J]. IEEE Transactions on Vehicular Technology, 2020, 69(10): 11445-11457.

[165] NIU H H, CHU Z, ZHOU F H, et al. Weighted sum secrecy rate maximization using intelligent reflecting surface [J]. IEEE Transactions on Communications, 2021, 69(9): 6170-6184.

[166] HU S K, WEI Z Q, CAI Y X, et al. Robust and secure sum-rate maximization for multiuser MISO downlink systems with self-sustainable IRS [J]. IEEE Transactions on Communications, 2021, 69(10): 7032-7049.

[167] TAO Q, ZHANG S W, ZHONG C J, et al. Intelligent reflecting surface aided multicasting with random passive beamforming [J]. IEEE Wireless Communications Letters, 2021, 10(1): 92-96.

[168] HU X L, ZHONG C J, ZHANG Y, et al. Location information aided multiple intelligent reflecting surface systems [J]. IEEE Transactions on Communications, 2020, 68(12): 7948-7962.

[169] YANG Z H, XU W, HUANG C W, et al. Beamforming design for multiuser transmission

through reconfigurable intelligent surface[J]. IEEE Transactions on Communications, 2021,69(1):589-601.

[170] HUM S V, PERRUISSEAU-CARRIER J. Reconfigurable reflectarrays and array lenses for dynamic antenna beam control: a review[J]. IEEE Transactions on Antennas and Propagation, 2014, 62(1): 183-198.

[171] TIAN G D, SONG R F. Cooperative beamforming for a double-IRS-assisted wireless communication system[J]. EURASIP Journal on Advances in Signal Processing, 2021, 2021(1): 67.

[172] CHEN X, XU H B, ZHANG G P, et al. Cooperative beamforming design for double-IRS-assisted MISO communication system[J]. Physical Communication, 2022, 55: 101826.

[173] HAN Y, TANG W K, JIN S, et al. Large intelligent surface-assisted wireless communication exploiting statistical CSI[J]. IEEE Transactions on Vehicular Technology, 2019, 68(8): 8238-8242.

[174] SHEN K M, YU W. Fractional programming for communication systems: part Ⅰ: power control and beamforming[J]. IEEE Transactions on Signal Processing, 2018, 66(10): 2616-2630.

[175] SHEN K M, YU W. Fractional programming for communication systems: part Ⅱ: uplink scheduling via matching[J]. IEEE Transactions on Signal Processing, 2018, 66(10): 2631-2644.

[176] XU Y Y, YIN W T. A block coordinate descent method for regularized multiconvex optimization with applications to nonnegative tensor factorization and completion [J]. SIAM Journal on Imaging Sciences, 2013, 6(3): 1758-1789.

[177] RAZAVIYAYN M, HONG M Y, LUO Z Q. A unified convergence analysis of block successive minimization methods for nonsmooth optimization[J]. SIAM Journal on Optimization, 2013, 23(2): 1126-1153.